片岡K

# ジワジワ来る□□《カクカク》

幻冬舎

「オッケー。じゃあ A マイナーから始めて、
最後は E7 ね」

# はじめに

突然だが、劇場版「ルパン三世」の第２作は

あの名作「カリオストロの城」である。

それから、「エイリアン」「ターミネーター」「トランスフォーマー」。

これらの作品は１より２が面白かったし、１に負けじと２が大ヒットしてる。

ここまで読めば、もうお気づきだろう。

この『ジワジワ来る□□』はパート２、第２弾なのだ。

ネットで拾い集めた画像にボクがキャプションを加えて１冊にした前作、

『ジワジワ来る○○』が大好評だった。

『○○』でも最初に断ったとおり、

『□□』にも、ボクが撮った写真は１枚もない。

他人のフンドシで相撲を取った挙句、２匹目のドジョウを狙ったというワケだ。

テレビ業界には「柳の下にはドジョウが３匹までいる」という格言がある。

パクリ……もとい、よく似た番組が違う局でも作られるのはその格言のせいだ。

話がちょっと脱線した。

前作が面白かったので、思わずこの本を手に取った方。

たまたまこの本を手に取り虜になってしまい、前作も買いたくなった方。

あなたたちはまんまと……じゃなかった、

お買い上げどうもありがとうございます。

片岡Ｋ

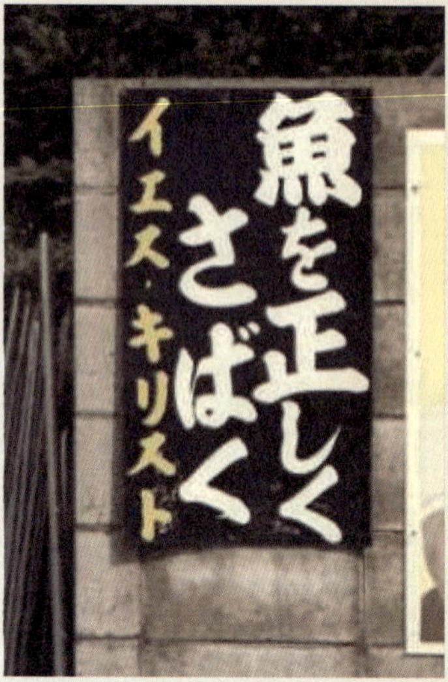


そうか。それ、結構大事だったのか。

ハマリすぎだよ、お前。

いったい彼女に何があったんでしょうか。

パリコレには
ついていけないやシリーズ

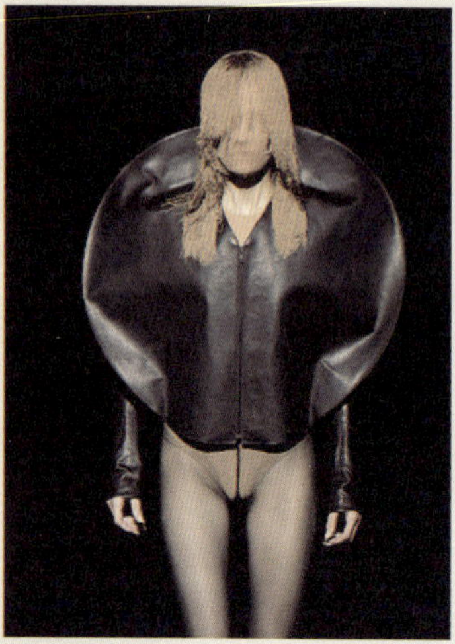

コレって捕まらない？

絶対そう言ってるとしか
思えない写真

「着信２件か…」

絶対そう言ってるとしか思えない写真

「ったく近頃の飼い主は！ 俺たちの
糞の始末もロクにできんのかっ」

「すごく素敵なシュートだと思うの。
キュンとしちゃうの」

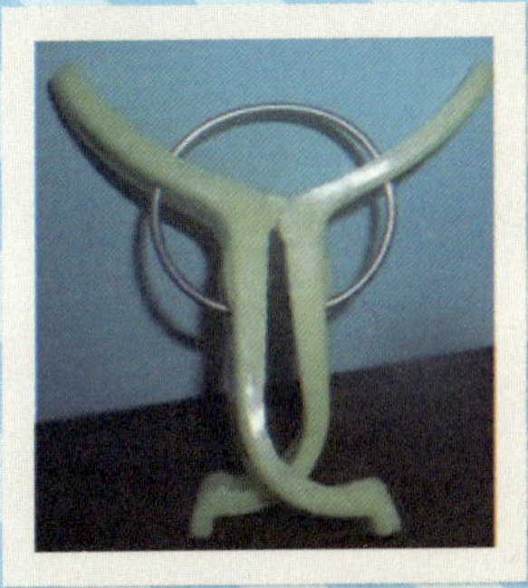

この洗濯ばさみ、誰かに似てると
思ったんだが…。
そうか！マイケル・ジャクソン！

if you dont drink
猪木より、シャクレてる
人一杯無料（女子可）
初代
味付け焼ホルモン
一人前
980円
（二人前～）
二代目 牛ホルモン鉄板
一人前
980円
八代目

ジワジワ来る無料特典。

「腹減ってんだろ？ これ食ってけ」

愛は国境を、そして民族とか文明とか、
いろいろ越える。

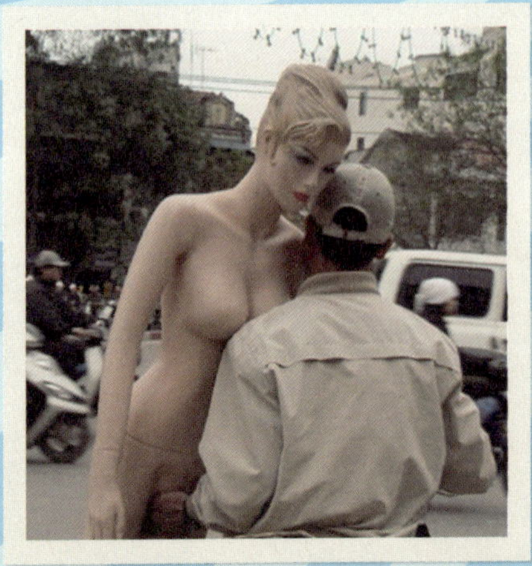

そう、 左手はソコだ。 がっちりとな。

ジワジワ来る加藤九段の代理人。

2枚並べることで初めてジワジワ来る写真。

絶対そう言ってるとしか思えない写真

「アイツがまわしを取ってきたら
オレが左手で…こう」

防犯カメラ作動中、私服警官巡回しています
万引きしたら
体で償ってもらいます
The Policeman who put on plain clothes is
going it round the inside of this store!!

効果バツグンの万引き防止ポスター。

ひとりだけ全然
やる気ないヤツがいる。

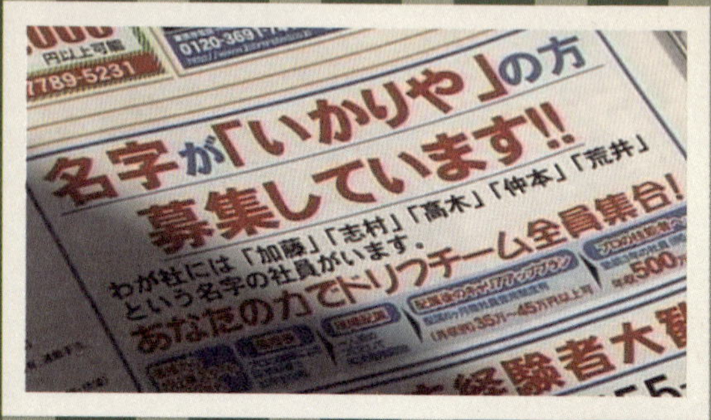

名字が「いかりや」の方
募集しています!!
わが社には「加藤」「志村」「高木」「仲本」「荒井」
という名字の社員がいます。
あなたの力でドリフチーム全員集合!

ジワジワ来る全員集合。

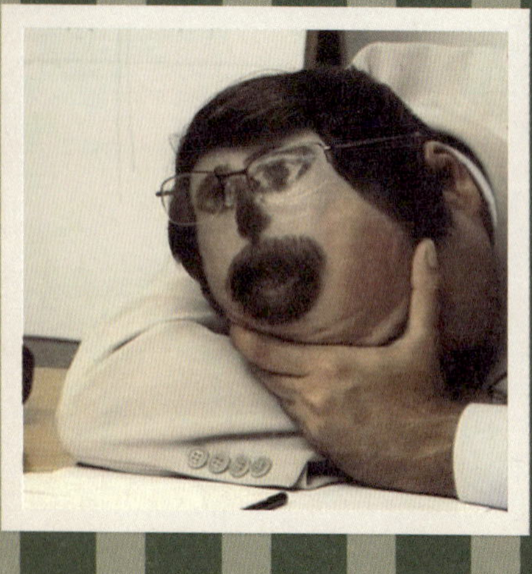

会議室で眠くなってしまう人へ。
こんな作戦があった！

ずいぶん機嫌が悪いようだ。

クルックー。

名画。

思わず二度見しちゃう写真

彼女にも富士山頂のご来光を！

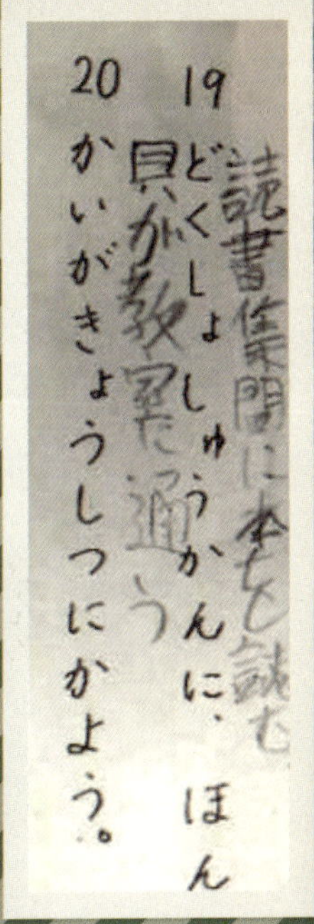
読書集間に本を読む
19 どくしょしゅうかんに、ほん
貝が教室に通う
20 かいがきょうしつにかよう。

かなり高度な擬人法。

頼む

な、何を？

どっちがノッチですか？

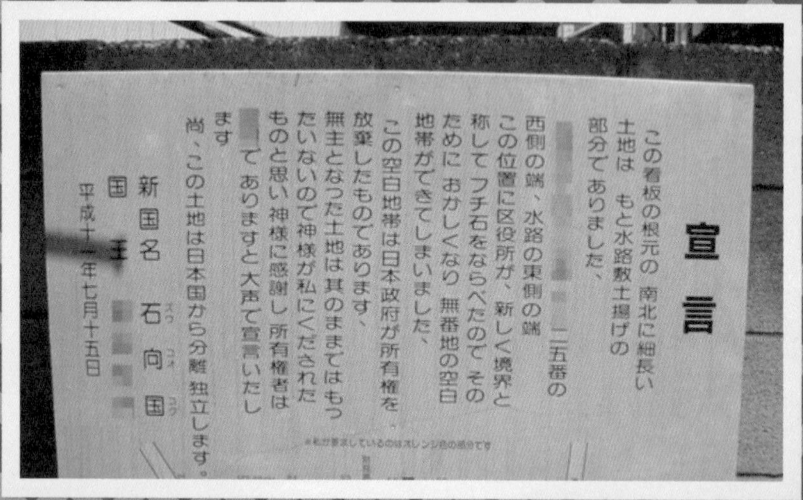
宣言
この看板の根元の 南北に細長い
土地は もと水路敷土揚げの
部分でありました、
二五番の
西側の端、水路の東側の端
この位置に区役所が、新しく境界と
称して フチ石をならべたので その
ために おかしくなり 無番地の空白
地帯ができてしまいました、
この空白地帯は日本政府が所有権を
放棄したものであります、
無主となった土地は其のままではもっ
たいないので神様が私にくだされた
ものと思い神様に感謝し 所有権者は
てありますと大声で宣言いたし
ます
尚、この土地は日本国から分離独立します。
新国名 石向国
国王
平成十 年七月十五日

ジワジワ来る独立宣言。

あなたにも撮れるリフティングの写真。

ジワジワ来るダジャレ。

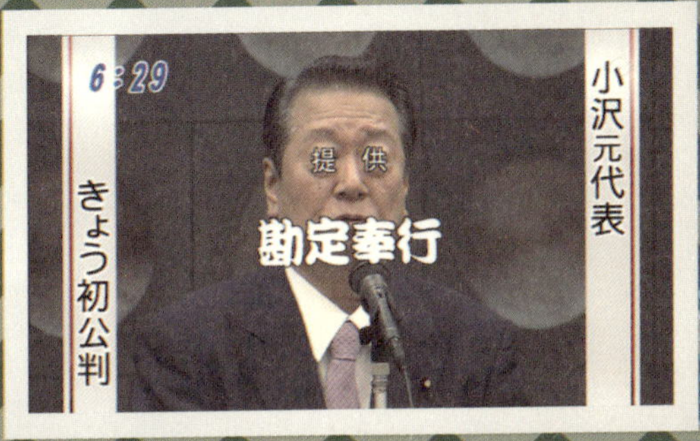


テレビの嫌がらせ。

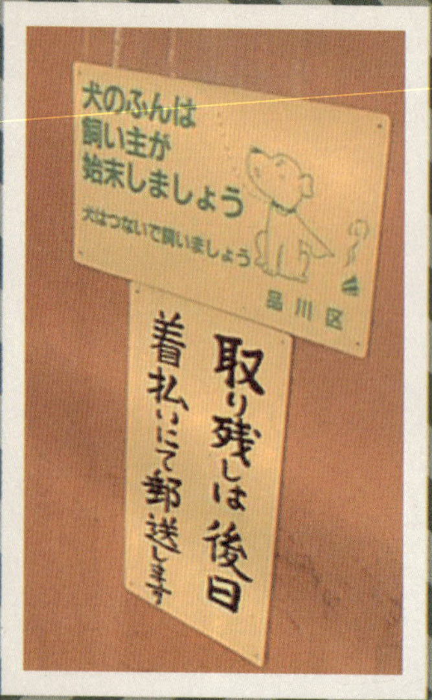


ジワジワ来るフンの始末。

このトイレ、どうなの？シリーズ

えっ？

ジワジワ来る壁掛けフック。

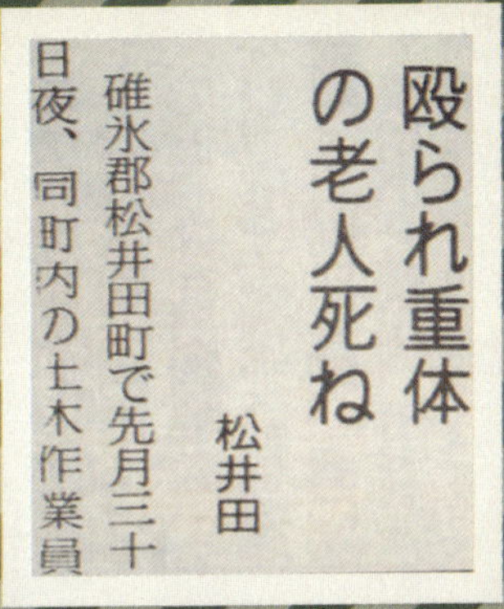
殴られ重体の老人死ね

松井田

碓氷郡松井田町で先月三十日夜、同町内の土木作業員

ジワジワ来る誤植。

財布見たら、100万円も入ってたよ！

一番左の女は、男に毎晩カラダをもてあそばれるために生まれてきた女です。

## 思わず二度見しちゃう写真

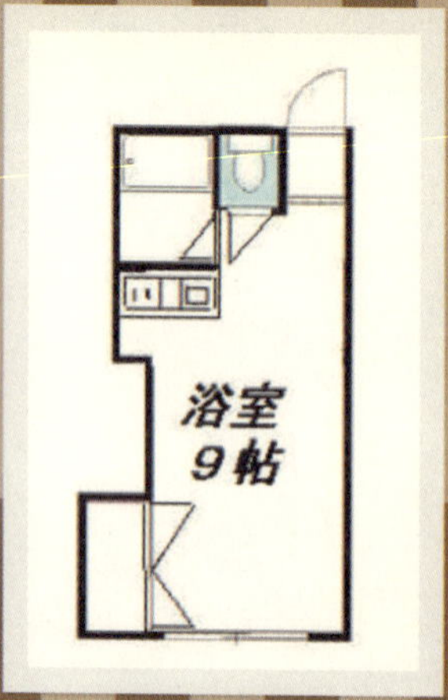


お風呂好きのあなたにピッタリのお部屋、見つけました。

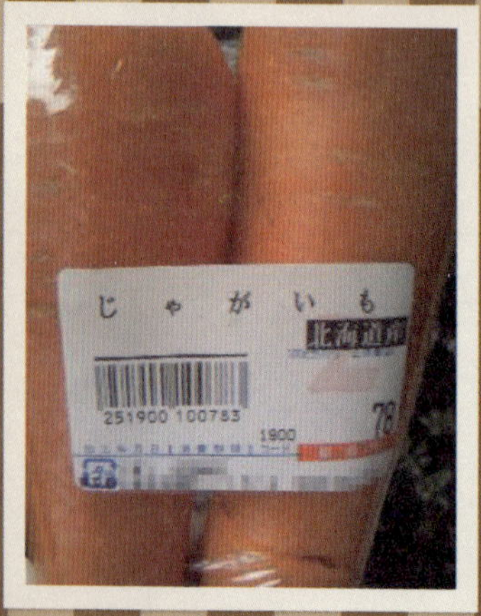


自信満々に書いてあるから
「そうかも」って思っちゃった。

今日は寒くて凍えそうだね。

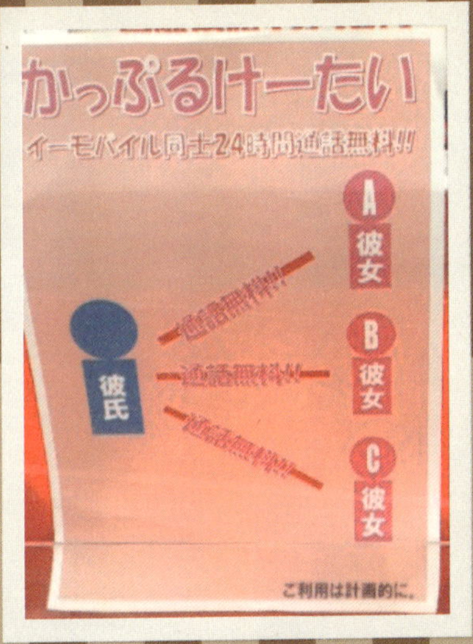


女子に反感を買いそうな
通話料無料のお知らせ。

こんなキャラ弁はイヤだ。

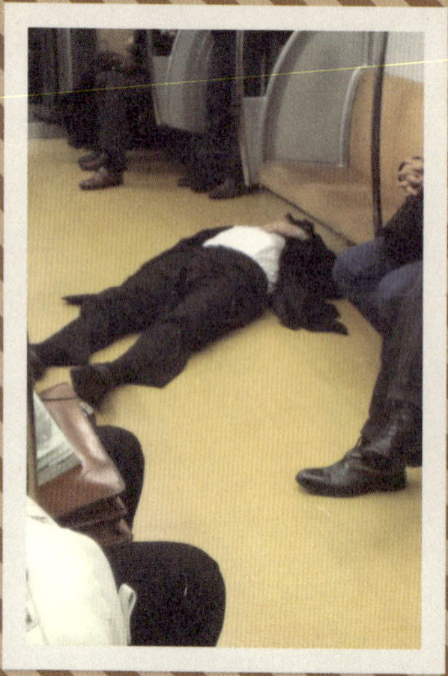

すごく…カッコ悪いです。

すごく…カッコイイです。

おいら飛ばすぜ。

ジワジワ来るストレス発散中。

このトイレ、どうなの？シリーズ

にらめっこ。

悪いこと教えてあげれば大親友
綱島小学校
港北区社会を明るくする運動実施委員会
港北保護司会

３回読んだけど意味がしっくりきません。

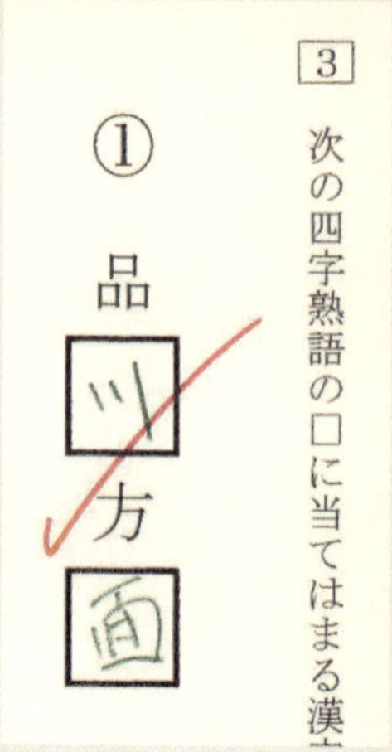
3
次の四字熟語の□に当てはまる漢
①
品
川
方
面

ジワジワ来る国道１号。

「何このサイト!?
すげえええええええ！」

絶対そう言ってるとしか思えない写真

「来るな！ こっちへ来るんじゃねえええええ！」

絶対安全じゃないと思う。

この可憐な少女は「事の重大さ」に気づいていない。

この地図は「未完」。

虎だ！ 野生の虎だよ！

オフィスで。トイレで。
あるいは非常階段で。

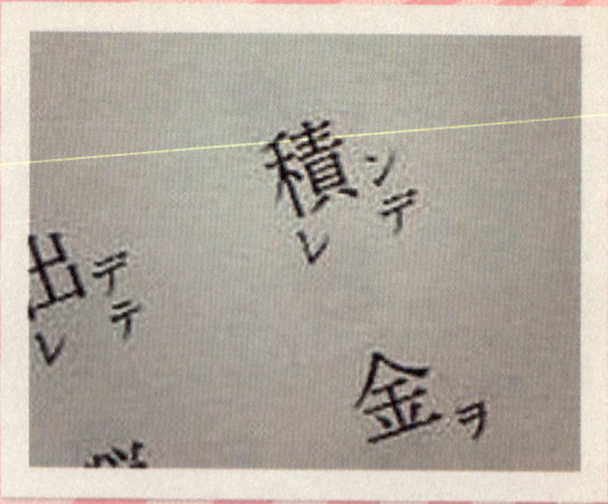


なんというツンデレ！

おかしい。なぜかカレーライスが
カレーライスに見えない。

「大丈夫よー。ぎょう虫は
いないみたいだから」

子どもに自由に書かせるとこんなことになる。

小動物に生まれ変わりたい。

パリコレにはついていけないやシリーズ

健康法は乾布摩擦。

シャルウィーダンス？

お前誰だよ！

こんな楽しい空間でいったいどんなつまんないことが？

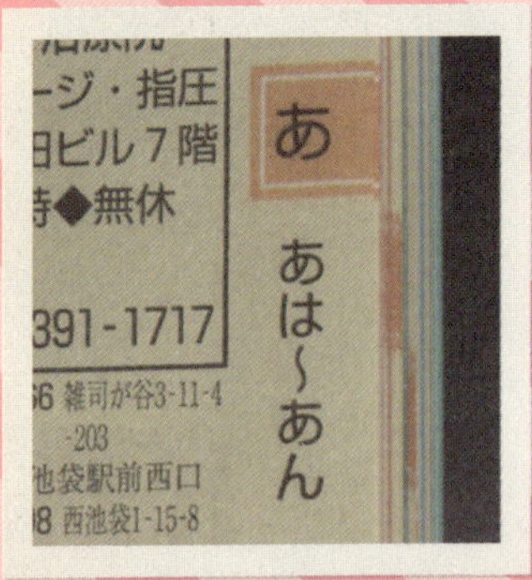


あえぐ電話帳。

そこに「願望」を書く
必要があるのか。

MRS.
SAZAE
WHAT'S HAPPENED?
NOOOO!!!
THE CAT RAN AWAY WITH MY FISH.
I MUST GET IT BACK!
WAIT!!
DAAAASH!
HA HA
WOW

♪オサカナクワエッタ、ドラネクォウ

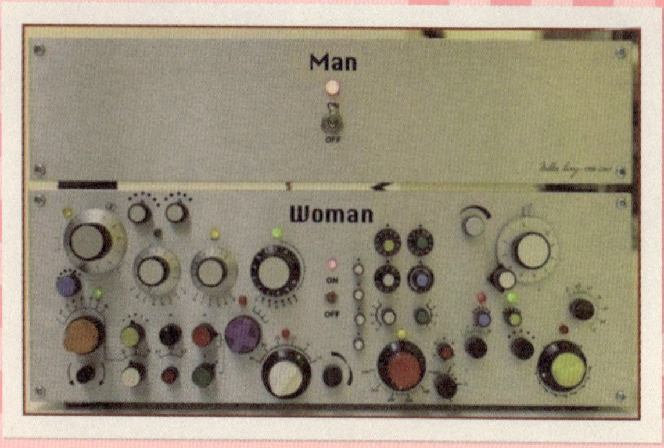
Man
OFF
Woman
ON
OFF

男と女。

やけに空いてる電車。

ここから先はもう
いたわらなくてもいいんです。

「リンゴ、うさぎの形にむいてね」
と言ってこんなの出てきたら
たまげるわー。

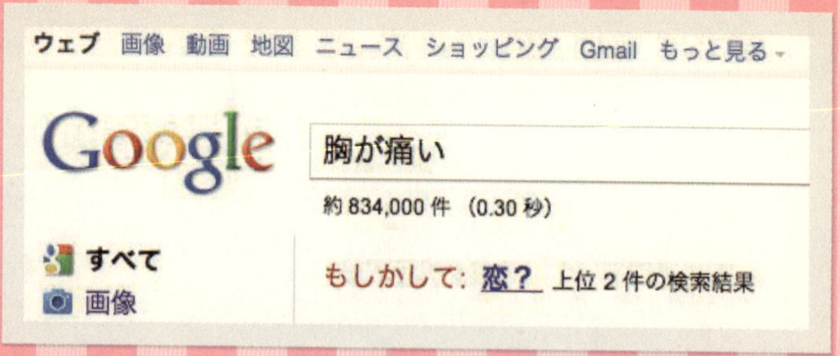
ウェブ 画像 動画 地図 ニュース ショッピング Gmail もっと見る
Google
胸が痛い
約 834,000 件 (0.30 秒)
すべて
画像
もしかして: 恋？ 上位 2 件の検索結果

Google 先生はロマンチストです。

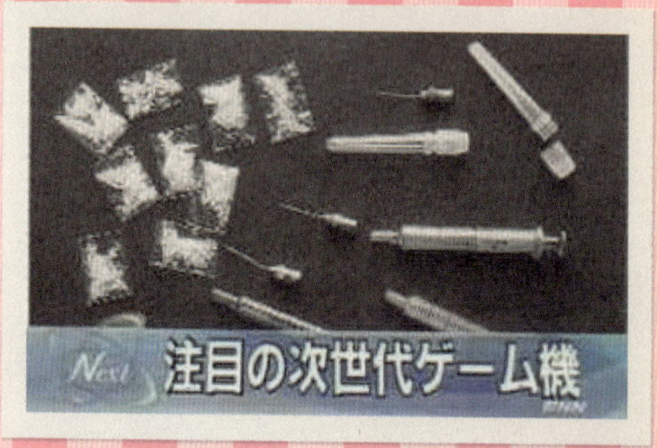
注目の次世代ゲーム機

ジワジワ来る次世代ゲーム機。

ジワジワ来るシート。

アインシュタイン。

何かを言ったあとに「…だろ?」
をつけると中尾彬っぽくなります。

中国ではアップルとソニーが
夢の競演を果たしております。

相手はまだか？

絶対そう言ってるとしか思えない写真

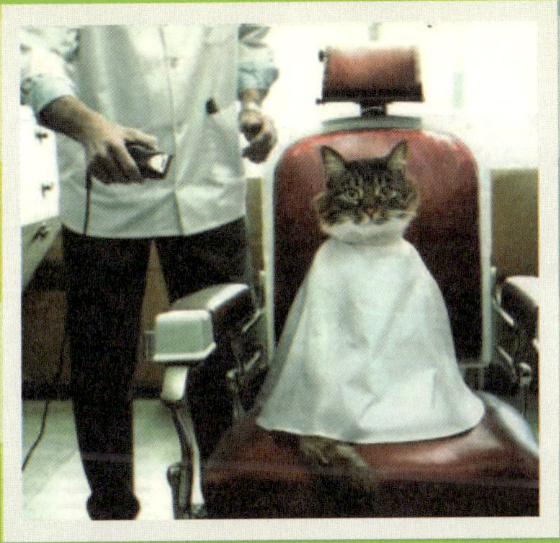

「横とうしろは短め、前髪は眉毛にかかるかかからないかぐらいでお願いします」

購入した方にはもれなく１円プレゼント！

このオッサン、すげえ！

イチロー、ちょっと痩せた？

51 イチロー
1番 RF
200安打まで あと44（残り26試合）

なんじゃい
せんだいら
かのはら
富岡製糸場を世界遺産に！

亀田一家が移り住んだら
イイ感じの駅がありました。

震度 2。

めんコーナー
たぬき
うどん
そば
300円

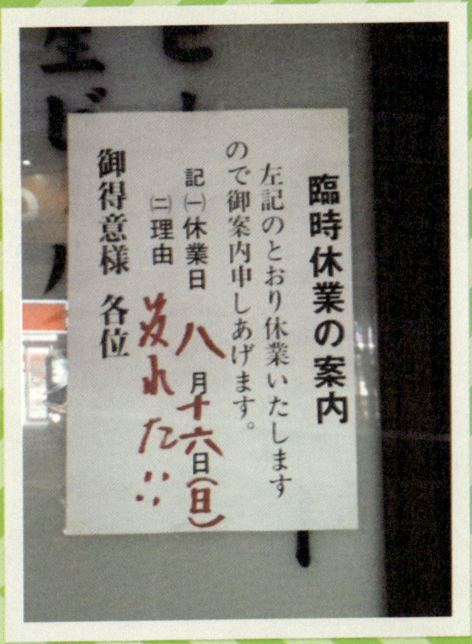
臨時休業の案内
左記のとおり休業いたします
ので御案内申しあげます。
記 (一)休業日 八月十六日(日)
(二)理由 疲れた!!
御得意様 各位

「それなら仕方ない！」と言いたくなりました。

暴走族の特徴
いつの間にか朝だぜ!
ギリギリって感じがたまんねえ!
爆走
バイクは正直さ。俺の言うことを何でも聞くぜ!

こんな言葉を言う人は間違いなく暴走族なので、気をつけよう。

「んもう。せっかちねえ。
ゆっくりいらっしゃい。ねっ」

3点まとめたら大損。

「イエローにバレない？」
「大丈夫だよ。レッドにもブルーにも内緒さ」

ジワジワ来るとんがりコーン。

駐車券だけは絶対になくせない。

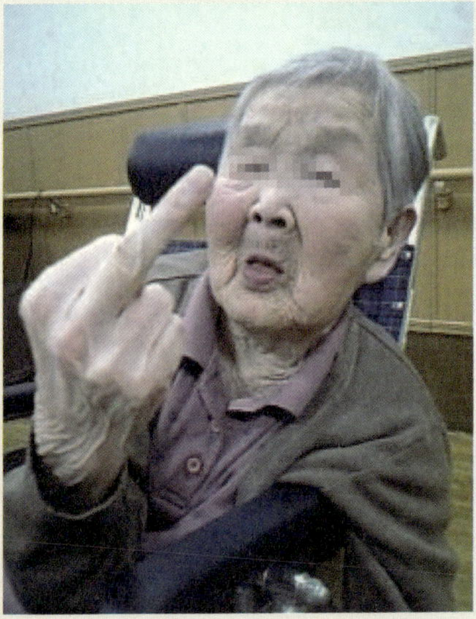

「冗談じゃないよメーン！
ディスってんじゃないわよ」

シーソー。

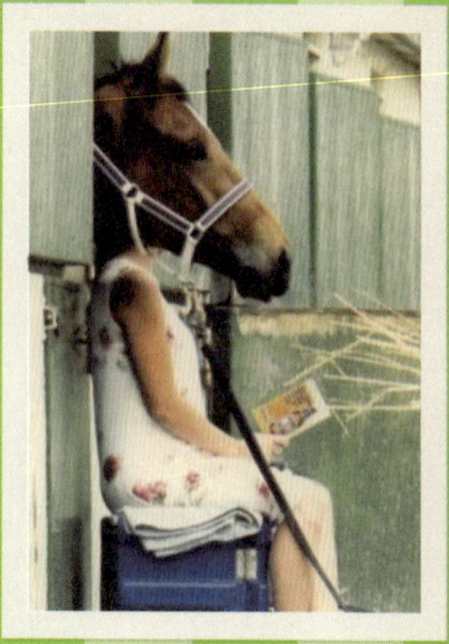

読書家の馬。

団鬼六監修の亀甲マン。

ジワジワ来る自室。

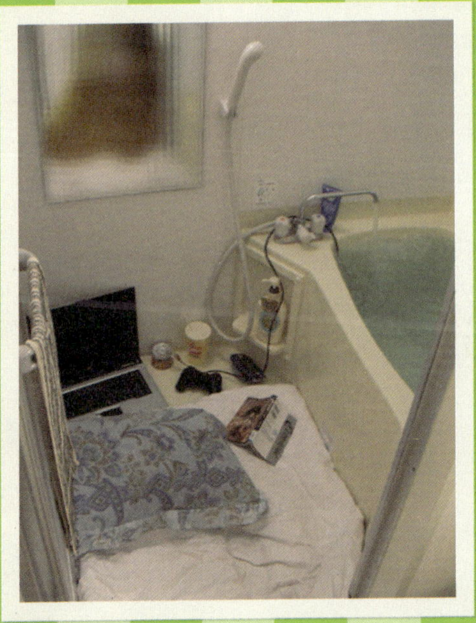

突然変異。

ジワジワ来るドアの開閉。

アメリカ人のこーゆー
バカっぽい行動、嫌いじゃないよ！

Good Price!
FRESHミート
大食品
ボロニアソーセージ
2個
【税込】
358円
1個
【税込】
680円

2個買わなきゃ損。

ハセガワストア
やきとり弁当(並)
たれ／塩
各500
やきとり弁当は豚肉を使用しております。
ご確認の上お買いあげください。

ジワジワ来るやきとり弁当。

心配そうに不発弾処理を
見守る調布市民。

カフェのメニューでずっと
気になっていたんだ。
頼んでみたらやっぱり…。

逃げてええええ！

あ！１冊間違ってる！

ジワジワ来る通行止め。

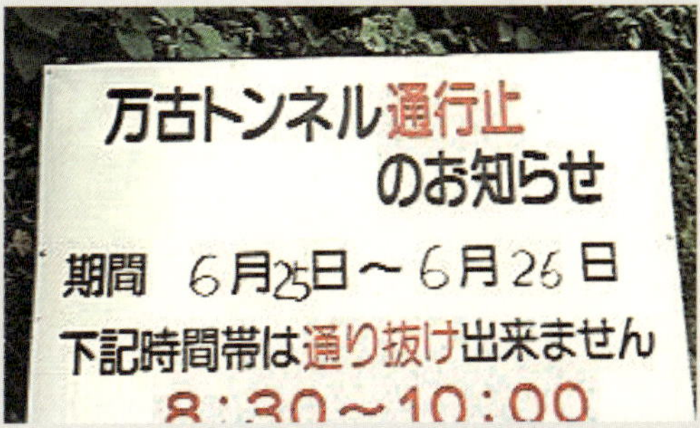

車でエッチなことしてる男女がいる！

車でエッチなことしてる男女がいる！
（わかりづらかったので拡大しました）

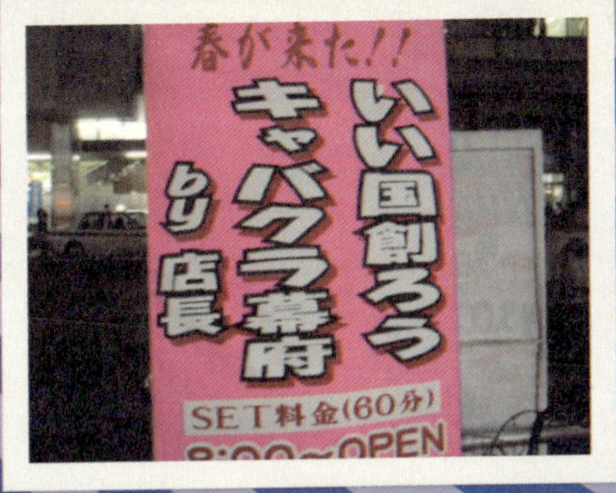


テストには出ません。

ペヤングあるある。

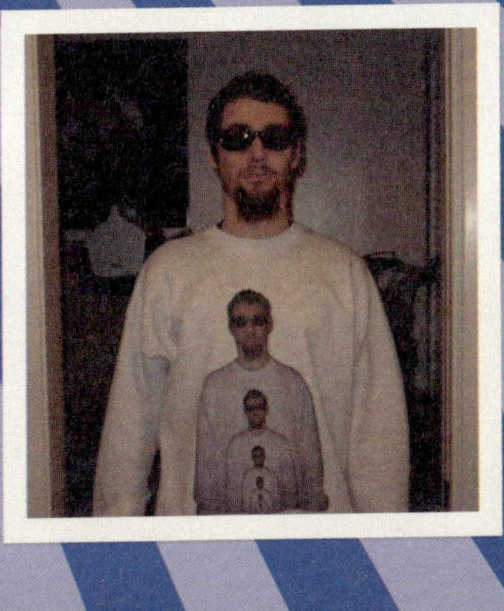

マトリョーシカなTシャツ。

恐怖のピーマン。

まさかの場所にこんな隠し扉が。

思わず二度見しちゃう写真

牛博士。

ここまでテキトーすぎる標語を見た記憶がない。

おい痴漢！ いいかげんにしろよ おいチカン!!
警視庁池袋警察署
Impossible?
I'm possible.

関西から来た転校生。

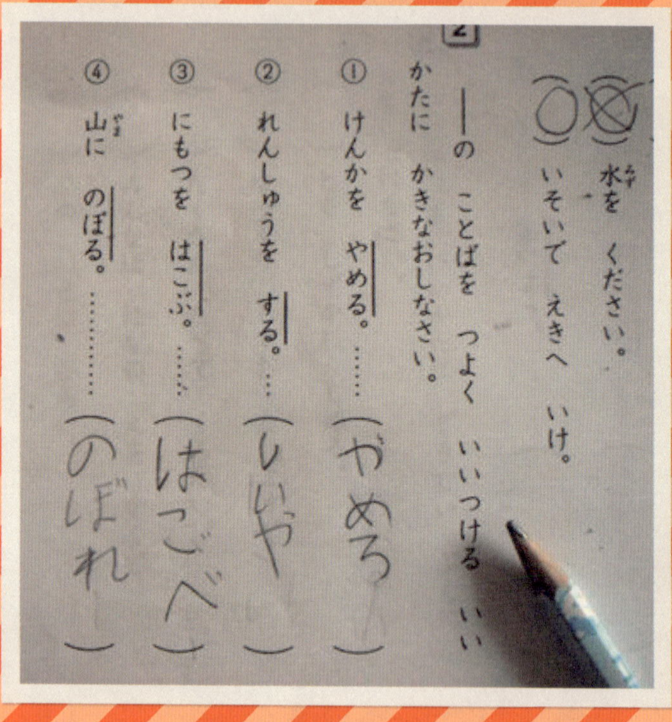

水を　ください。
いそいで　えきへ　いけ。
2
―の　ことばを　つよく　いいつける　いい
かたに　かきなおしなさい。
① けんかを　やめる。……（やめろ）
② れんしゅうを　する。……（しいや）
③ にもつを　はこぶ。……（はこべ）
④ 山に　のぼる。……（のぼれ）

寿司を食べようと小皿に醤油を
入れたら奇跡が起こりました。

…でもない。

絶対そう言ってるとしか思えない写真

「ぎょう虫テープ貼るのって苦手なのよ」

甘党。

出会いはどこに転がっているかわからない。

店員さん、この人が大嫌いなんだなあ。

Googleで「島根県には」と入力すると…
いくら何でも島根県民に失礼だろ！な結果になる。

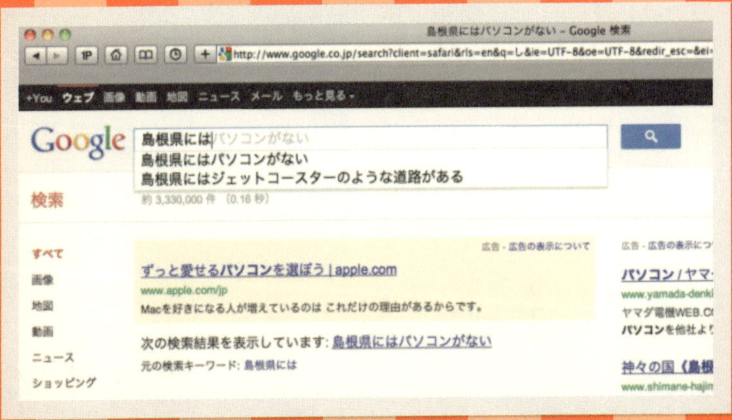


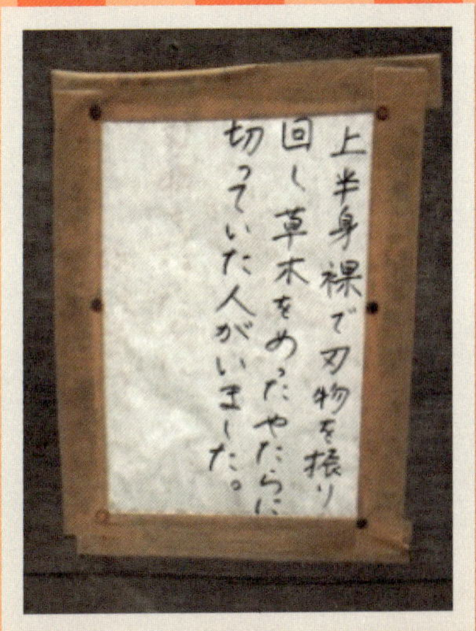


事実だけを書きました。

ジワジワ来る落書き。

トイレットペーパーのホルダー。

何でも買います!!
業務屋
ただし買えないものもあります

「だったら言わなきゃいいのに」という例。

ジワジワ来るおっぱい。

風情、とは？

絶対そう言ってるとしか思えない写真

「なんだいヤスオ、
今日は早いじゃないか」

ジワジワ来るビフォー・アフター。

BEFORE
AFTER
THIS WALL USED TO HAVE ART ON IT
NOW IT HAS COCKS
FOR LEASE
9356 5551

YIDONG
溢東威化
ウユフア
くさいちんこ

誰かがいたずらで
間違った日本語を教えたのか？

適量ってものを知らないと。

おいキミタチ、そんなとこで何をしてるんだっ。

ビール党をバカにしないでもらいたい。

喫煙者をナメないでもらいたい。

「ピーちゃん、昼飯何にするかね？」

パッケージ写真だけでこんなに
驚かされたＤＶＤは初めてです。

ジワジワ来るニッポン！

つい に発売！ ひざ枕。

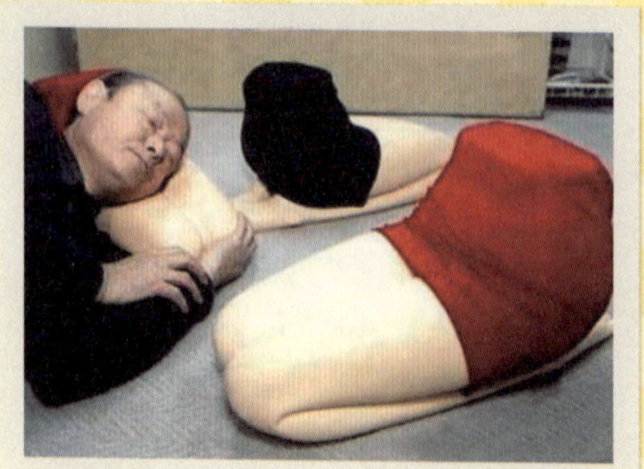

「まだ仮装大賞の練習してるの？
洗濯物早くたたみなさーい！」

さて。どこからツッコむかなあ。

このトイレ、どうなの？シリーズ

あーんして待ってます。

ジワジワ来る食い頃。

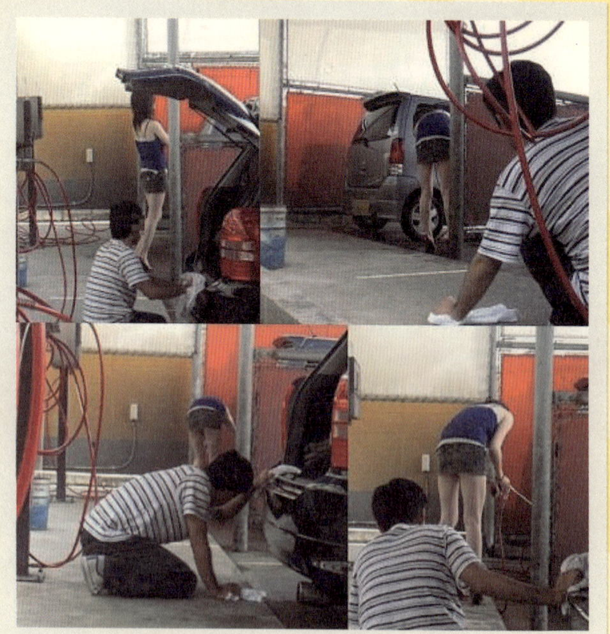

ジワジワ来る洗車場。

毎日添い寝。

ジワジワ来るシーサー。

燃費をよくする方法。

絶対そう言ってるとしか思えない写真

「見て、流れ星。ねえ見て」

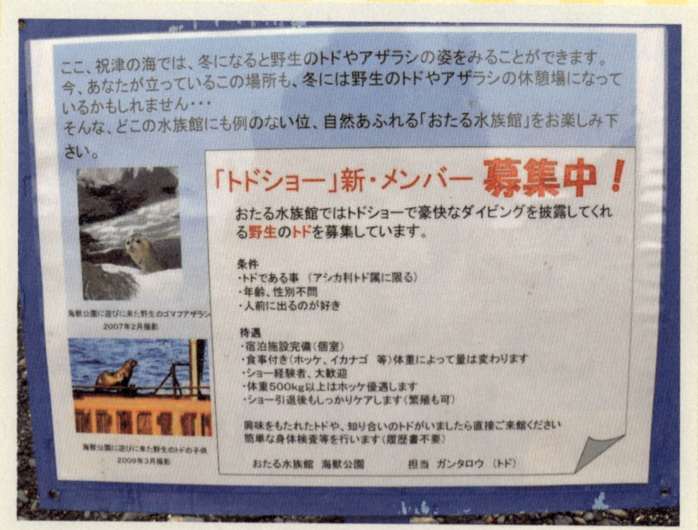

ここ、祝津の海では、冬になると野生のトドやアザラシの姿をみることができます。
今、あなたが立っているこの場所も、冬には野生のトドやアザラシの休憩場になっているかもしれません・・・
そんな、どこの水族館にも例のない位、自然あふれる「おたる水族館」をお楽しみ下さい。
海獣公園に遊びに来た野生のゴマフアザラシ
2007年2月撮影
海獣公園に遊びに来た野生のトドの子供
2009年3月撮影
「トドショー」新・メンバー募集中！
おたる水族館ではトドショーで豪快なダイビングを披露してくれる野生のトドを募集しています。
条件
・トドである事 （アシカ科トド属に限る）
・年齢、性別不問
・人前に出るのが好き
待遇
・宿泊施設完備（個室）
・食事付き（ホッケ、イカナゴ 等）体重によって量は変わります
・ショー経験者、大歓迎
・体重500kg以上はホッケ優遇します
・ショー引退後もしっかりケアします（繁殖も可）
興味をもたれたトドや、知り合いのトドがいましたら直接ご来館ください
簡単な身体検査等を行います（履歴書不要）
おたる水族館 海獣公園
担当 ガンタロウ （トド）


ジワジワ来るメンバー募集。

なぜ１行にしたんだ。

ジワジワ来る窓。

おまえらこっち見んな。

ジワジワ来るご対面。

ジワジワ来る遊泳禁止。

クレープ家の記念写真。

価格破壊。

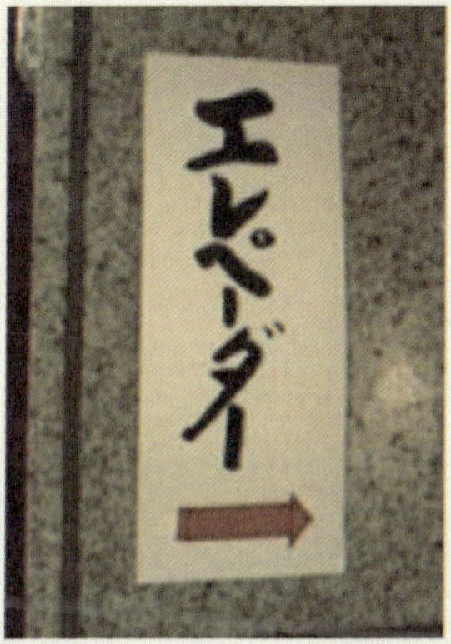


この先にそういう名前の
お店があるのかも！

ジワジワ来る満車。

パリコレにはついていけないやシリーズ

ウルトラシリーズの
ナントカ星人に
いたと思います。

「いいかお前ら！ 正しい
チンチンの持ち方はこうだ！」

ジワジワ来る道路工事。

絶対そう言ってるとしか思えない写真

「彼ったらまるでケダモノ
みたいにあたしのことを…」

シトロエンの新しい車。

パッケージ写真にだまされました。

またしてもパッケージ写真にだまされました。

「えっ？ ボクが？」

ジワジワ来る診察室。

「ねえキミ、言ったよね？喫煙所は階段の横だって」

思わず二度見しちゃう写真

スプーン1杯の彼女。

すごく気になるなあー
この空手の流派。

絶対そう言ってるとしか思えない写真

「汗かいちゃったんでちょっとのあいだ
着ぐるみ脱がせてもらいますけど」

改めて思う。フォトショップってスゴイなあ。

ジワジワ来るうなぎ弁当。

ここで髪を切れば女のコが殺到します。

脳みそボーン！

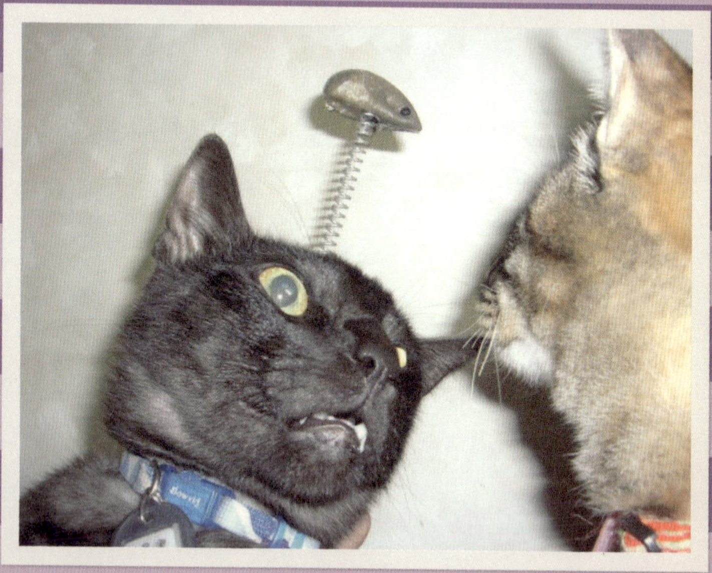

暴力市民が警察と手を組む街。

激写！

ジワジワ来るチェックインカウンター。

本能のままに行動しています。

絶対そう言ってるとしか思えない写真

「ご主人をまだ寝かせるワケにはいかん…」

Uターン禁止
出入口のために事故防止にご協力下さい

ジワジワ来るUターン。

絶対そう言ってるとしか思えない写真

「やるじゃーん」

彼は何のTシャツだと思ってるんだろうか。

絶対そう言ってるとしか思えない写真

「てめえふざけんなよ」

キモチはわかるぞ。

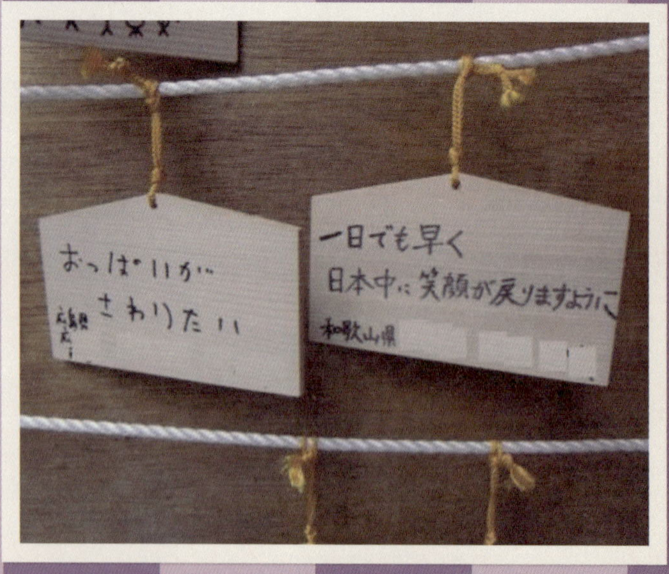

おっぱいが
さわりたい
一日でも早く
日本中に笑顔が戻りますように
和歌山県

大丈夫、かなりイイ線行ってるよ。

なぜこの言葉を選んだのか。

理解するのに20秒かかりました。

ジワジワ来る女性専用車両。

これは「奇跡」の瞬間である。

絶対そう言ってるとしか思えない写真

「たはーっ、こりゃ１本取られた」

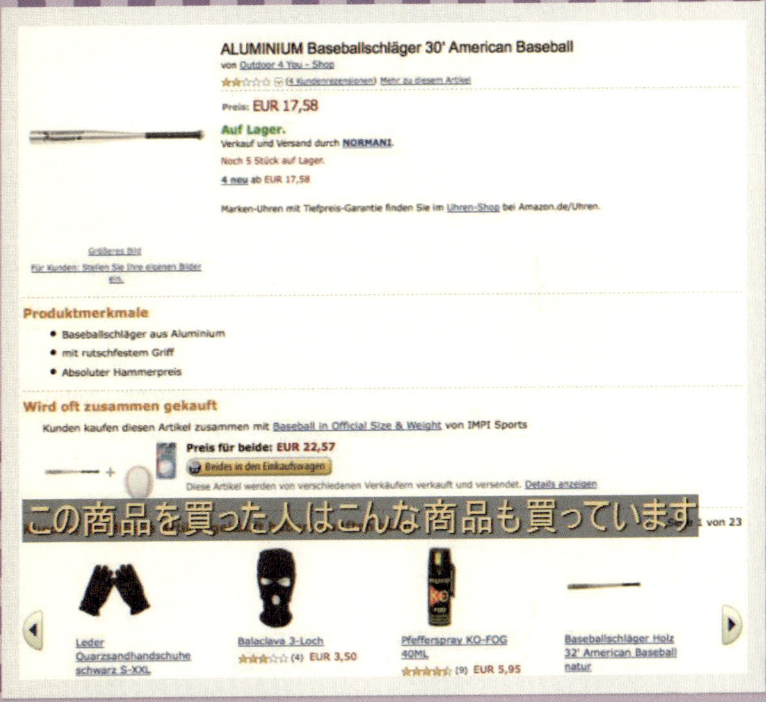
ALUMINIUM Baseballschläger 30' American Baseball
von Outdoor 4 You - Shop
(4 Kundenrezensionen) Mehr zu diesem Artikel
Preis: EUR 17,58
Auf Lager.
Verkauf und Versand durch NORMANI.
Noch 5 Stück auf Lager.
4 neu ab EUR 17,58
Marken-Uhren mit Tiefpreis-Garantie finden Sie im Uhren-Shop bei Amazon.de/Uhren.
Größeres Bild
Für Kunden: Stellen Sie Ihre eigenen Bilder ein.
Produktmerkmale
Baseballschläger aus Aluminium
mit rutschfestem Griff
Absoluter Hammerpreis
Wird oft zusammen gekauft
Kunden kaufen diesen Artikel zusammen mit Baseball in Official Size & Weight von IMPI Sports
Preis für beide: EUR 22,57
Beides in den Einkaufswagen
Diese Artikel werden von verschiedenen Verkäufern verkauft und versendet. Details anzeigen
この商品を買った人はこんな商品も買っています
1 von 23
Leder Quarzsandhandschuhe schwarz S-XXL
Balaclava 3-Loch
(4) EUR 3,50
Pfefferspray KO-FOG 40ML
(9) EUR 5,95
Baseballschläger Holz 32' American Baseball natur

某国の Amazon。怖いです。

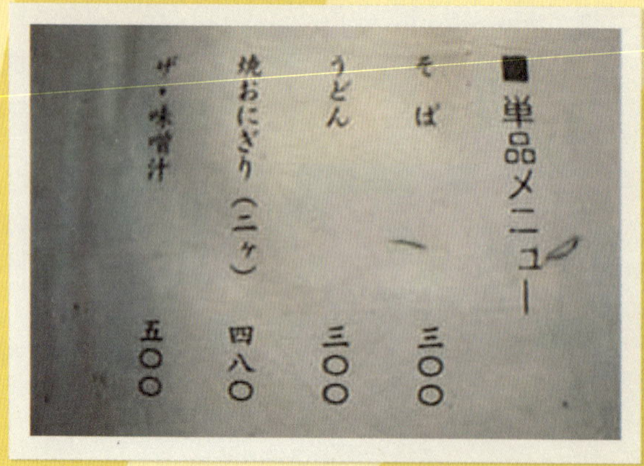
■単品メニュー
そば 三〇〇
うどん 三〇〇
焼おにぎり（二ヶ） 四八〇
ザ・味噌汁 五〇〇

500円のメニューがとても気になる。

起きて！ 起きて！

## 思わず二度見しちゃう写真

ちっちゃいおじさんが発見されました。

公園にすごくカッコイイ人がいました。

ここまでいって、初めて「満員電車」。

絶対そう言ってるとしか思えない写真

「さて、と。配達行くかっ」

目撃者。

USB メモリを開けたらこんなんでした。

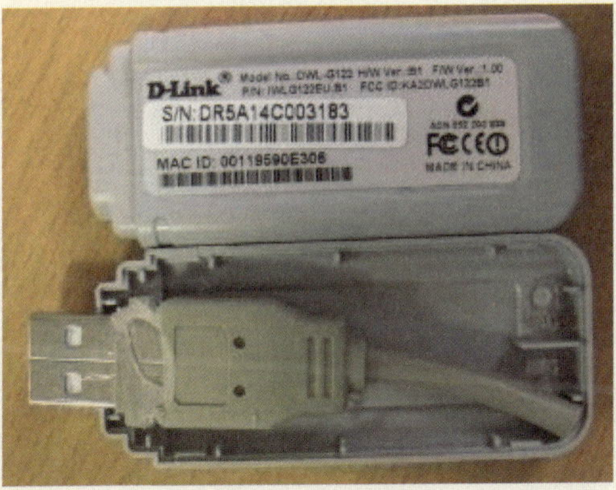


USB ハードディスクを開けたらこんなんでした。

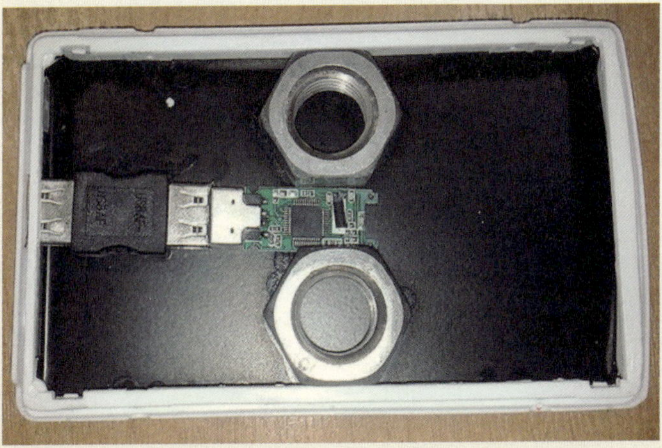

誰かが向こうで追いかけっこ。

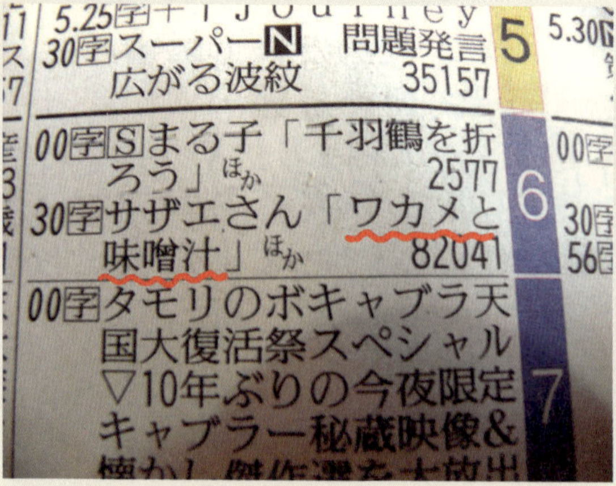
30字スーパーN 問題発言
広がる波紋 35157
00字Sまる子「千羽鶴を折ろう」ほか 2577
30字サザエさん「ワカメと味噌汁」ほか 82041
00字タモリのボキャブラ天国大復活祭スペシャル▽10年ぶりの今夜限定キャブラー秘蔵映像&

サザエさんで一番気になった回。

まつ毛を見て「怖いっ」って
思ったのは、初めてです。

まあ、美味しそうなグラタン！

絶対そう言ってるとしか思えない写真

「新宿行きってこのホームだっけ？」

ジワジワ来る大阪在住小学生のお笑いセンス。

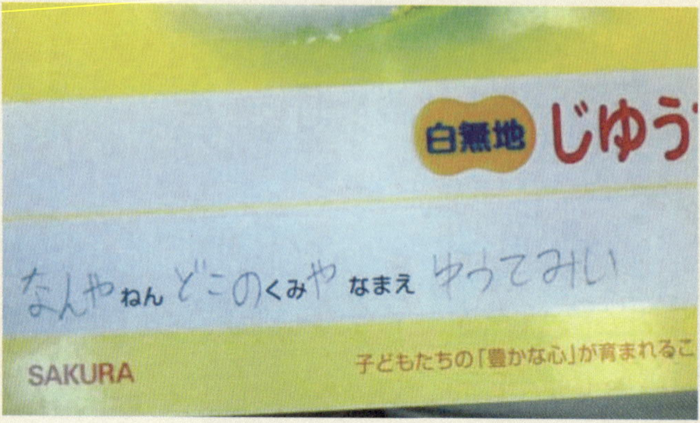
白無地 じゆう
なんやねん どこのくみや なまえ ゆうてみい
SAKURA
子どもたちの「豊かな心」が育まれるこ

会員募集中です！

ちょうど今、顔をグイッ！ グイッ！
とされている夢を見ております。

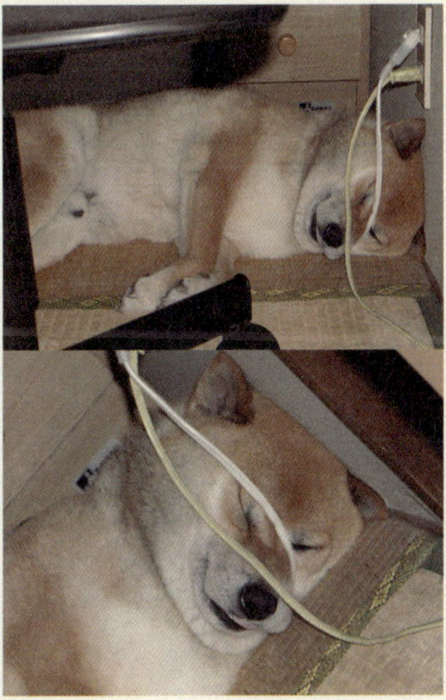

この写真を見れば「うそーん」
って言っちゃうはず。

「女のコは下に飛ぶ」って聞いてたのに。

ジワジワ来る自動ドア。

トイレにおける禁止事項。

今は何なのだ、と問いつめたい。

あこぎな寝床。

エジプトにこんなのあったよね？

見てはいけないモノを
見てしまいました。

すごく…痛いです。

1／700スケールのプラモデル。

開き直ってやがる。

タイの洪水の原因はこのおじさんでした。

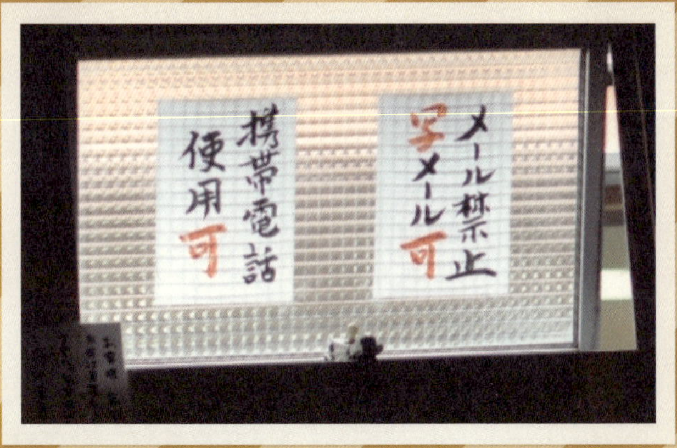


何がダメで何が OK なのか。

犬は飼い主に似る。

ジワジワ来る早漏中年男性。

ジワジワ来る出品理由。

BUFFALO製　ゲームパッドの出品です。
2P用に購入しましたが、友達がいないことに最近気がつきましたので、不要と思い出品に至りました。

品名　ゲームパッド
メーカ　BUFFALO
型番　A50724 BGC-UD1201/BK

絶対そう言ってるとしか思えない写真

「おまえにもいつかわかるときがくるさ」

トイレで彼に睨まれました。

コーヒー風呂。

覗き合い。

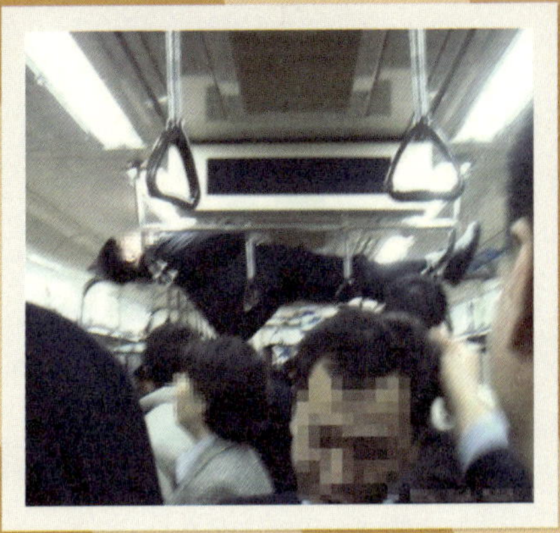

ラッシュ時の満員電車でも快適に寝る方法。

長靴をはいた猫。

酸っぱいモノ食べました。

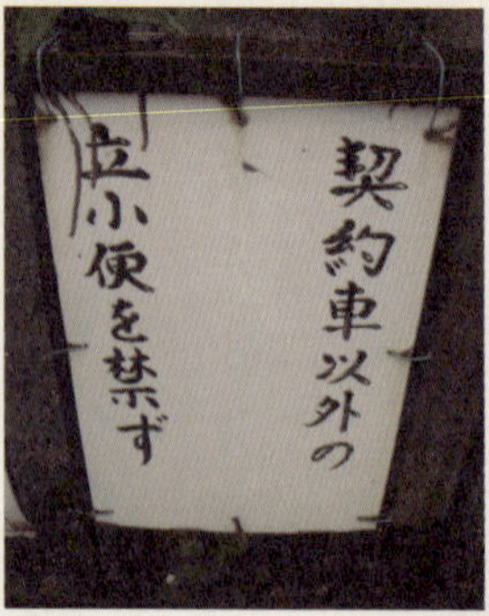


契約したらいくらでも
やってよし。

何がなんでも半額のレモンを
買わせたくないお店。

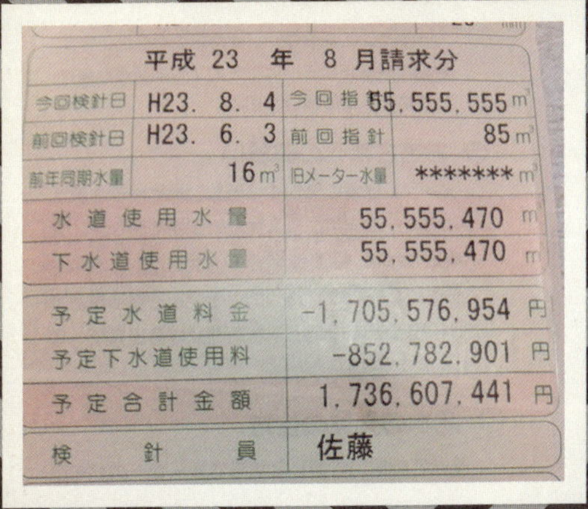

平成 23 年 8 月請求分

| | | | |
|---|---|---|---|
| 今回検針日 | H23. 8. 4 | 今回指針 | 55,555,555 m³ |
| 前回検針日 | H23. 6. 3 | 前回指針 | 85 m³ |
| 前年同期水量 | 16 m³ | 旧メーター水量 | ******* m³ |
| 水道使用水量 | | 55,555,470 m³ | |
| 下水道使用水量 | | 55,555,470 m³ | |
| 予定水道料金 | | -1,705,576,954 円 | |
| 予定下水道使用料 | | -852,782,901 円 | |
| 予定合計金額 | | 1,736,607,441 円 | |
| 検針員 | | 佐藤 | |

いったい何をどうしたらこうなるのか？
どちらのお宅か知りませんが、
今月の水道料金だそうです。

おそらく罰ゲームで熱湯風呂に入らされた
直後の写真じゃないかと思います。

ゴムゴムの抗議。

アルファベットを
ちゃんと覚えましょう。

高級、とは何なのか。

ジワジワ来るクロネコヤマト。

おい！ 本物！ 本物！

ジワジワ来る離陸。

1文字足りない。

何かいる！

がんばれ！ と応援したくなる犬。

がんばれ！ と応援したくなる猫。

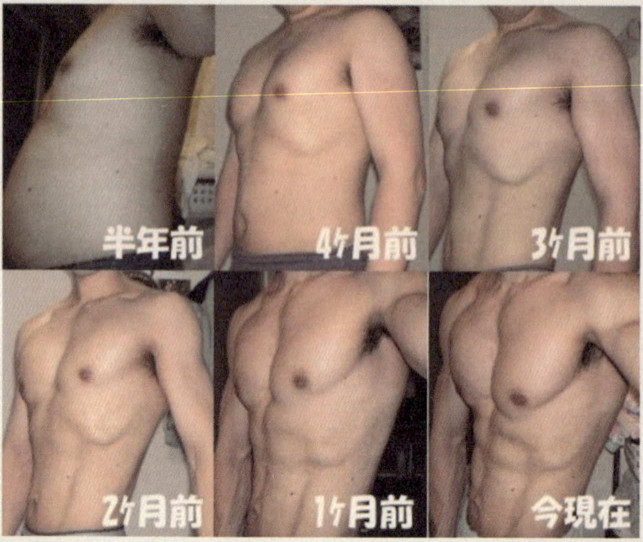
半年前
4ヶ月前
3ヶ月前
2ヶ月前
1ヶ月前
今現在

おい、最初の２ヶ月に何があったんだよ！

絶対そう言ってるとしか思えない写真

「今からドラマ。毎週見てんだ」

## 絶対そう言ってるとしか思えない写真

違反でした。

「あーどうすっかなー明日の会議」

凝りすぎてハズしちゃってる定食屋の貼り紙。

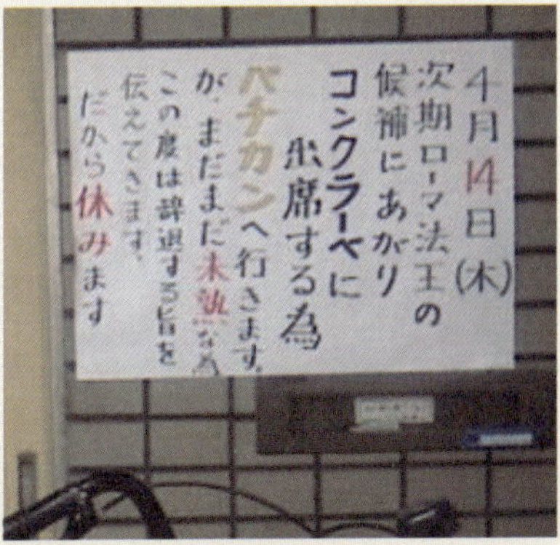

水虫にかかってない豚足あります

多くの豚足が水虫に
かかっていたとは…。

ジワジワ来るクッキー作り。

絶対そう言ってるとしか思えない写真

「気にしないほうがいいんじゃね？」
「……」

押しすぎだ、押しすぎ！

絶対そう言ってるとしか思えない写真

「な、なに見てんだよ！見んじゃねーよ！」

思わず二度見しちゃう写真

マッハで飛んでます。

パリコレにはついて
いけないやシリーズ

ジワジワ来るいたずら。

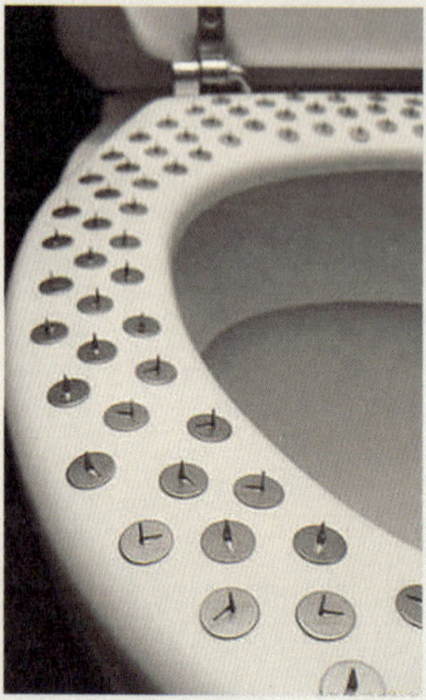

「今夜は遅くなっても大丈夫。
家すぐそこだから」

絶対そう言ってるとしか思えない写真

「こ、これは…たまらん！」

ただいま罰ゲームの真っ最中です。

ジワジワ来るポーズ集。

デッサンの為に
買うんだからね!
本当だからねっ!!
Human Motion
赤ん坊・幼児
来いよ!!
アグ●スッ!!!

中国製オシャレな「ンキー」のサンダル。

どうしても彼をゲットしたいときに着ける勝負下着。

「アタック 25」と総務省、奇跡のコラボレーション。

## 絶対そう言ってるとしか思えない写真

「ココか？ ココがええのんか？」

ぼ、ぼ、ボクが見てるのは
猫ちゃんだから。猫ちゃんだからね！

ジワジワ来る無線ルーターの名前。

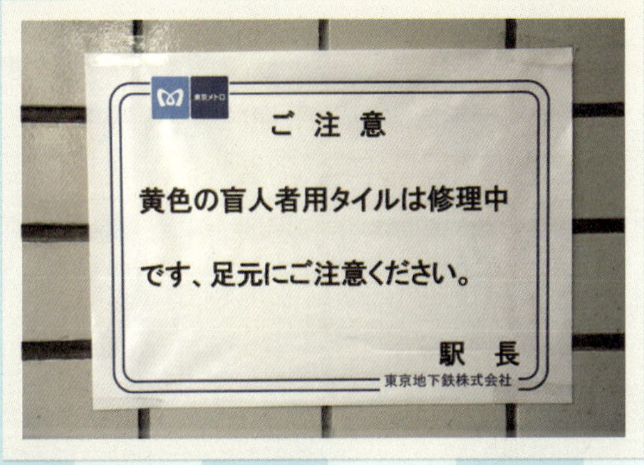
東京メトロ
ご注意
黄色の盲人者用タイルは修理中
です、足元にご注意ください。
駅長
東京地下鉄株式会社

ジワジワ来るご注意。

ノーッ！

悪い顔してる。

無防備な睡眠。

「もーわかった。…行っていい」

エロい大木。

## 絶対そう言ってるとしか思えない写真

「気になる」「うん、気になる」

所有者男性
「車は貸していたもので自分が運転していない」

ジワジワ来る所有者男性。

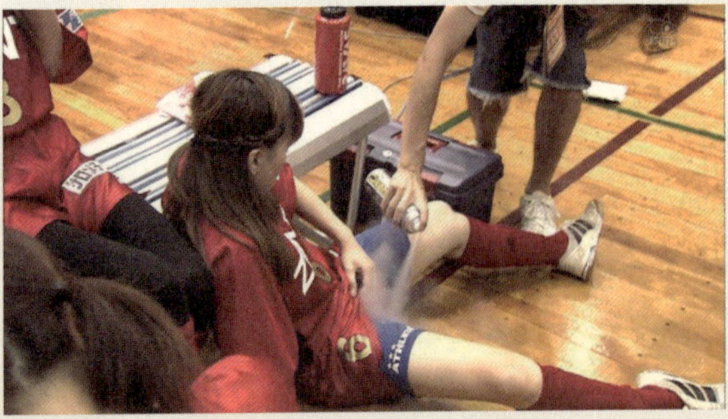

シューッ！キモチいいいいい。

フォトショップでもこうはいかない。

こういう顔した人、いるよね？

ジワジワ来るTシャツ。
「Hate（嫌い）」の裏返しは？

ジワジワ来る食堂。

ジワジワ来るカウントダウン。

## 思わず二度見しちゃう写真

嫌だ、この靴だけは履きたくない。

この手前までだったら OK です。

あ。それで 5000 円取っちゃうんだ?

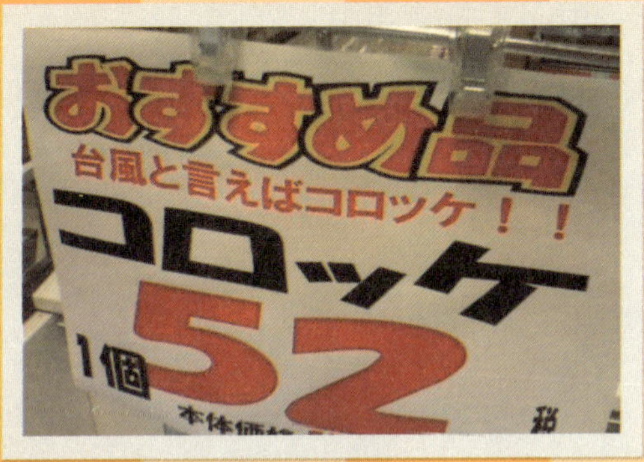


これはヒドイ便乗商法。

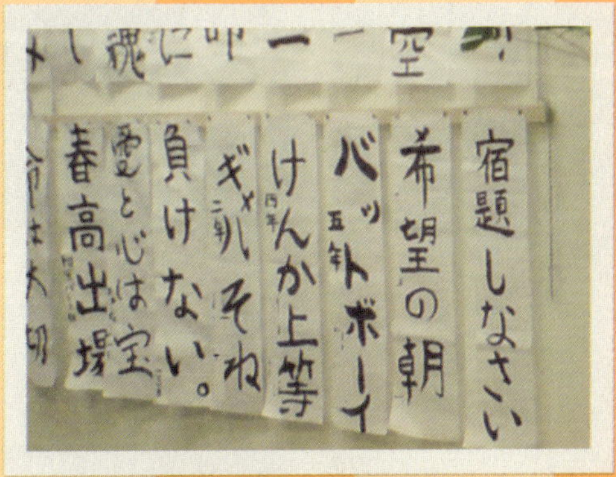


2年生の彼はなぜ
それを書いたのだろう。

中国にも進出しました。
…あれっ？

このトイレ、どうなの？シリーズ

自信のない人はこのトイレには行けない。

この人ホラ、山崎バニラだっけ。違う？

絶対そう言ってるとしか思えない写真

「おまえら食うぞ。
食ってもいいのか？ あ？」

人気ありすぎ。

激しすぎるディープキス。

## 思わず二度見しちゃう写真

パパを連れて帰らなくちゃ。

中国で買ったMacの
リンゴマークがちょっとおかしい…。

家族全員同じ顔。しかもイケメン。

**絶対そう言ってるとしか思えない写真**

「しまった。見つかっちまった」

**絶対そう言ってるとしか思えない写真**

「凹んだ。メッチャ凹んだ」

これでもうグラスを落とす心配はありません。

## 9 ものがたりを読みましょう④

なまえ

とくてん
/50

1 つぎの 文しょうを 読んで、あとの もんだいに 答えなさい。（計20点）

「おにいちゃん、ゆうべくじらになったでしょ。いっしょにしおふきしたよね。①おにいちゃんもぬれてる？」

おにいちゃんは、てっちゃんの話を聞いて、くすんとわらいました。

（てつおのやつ、くじらのゆめを見てやったな。）

②自分にもおぼえがあるので、おにいちゃんにはよくわかりました。

「ぼくなんか研究《けんきゅう》しているから、しおふきしたってぬれやしないさ。うそだと思うならぼくのベッド見てごらんよ。」

(1) ——線①「おにいちゃんもぬれてる？」とありますが、てっちゃんは、おにいちゃんの何がぬれていると思ったのですか。書いて答えなさい。（10点）

(2) ——線②「自分にもおぼえがあるので」とありますが、おにいちゃんは、どんなことにおぼえがあるのですか。一つえらび、○でかこみなさい。（10点）

ア しおふきについて研究したこと。

イ ゆうべくじらになったこと。

ウ ゆめを見て、おねしょをしたこと。

問題文は官能小説ではありません。

スリル満点のバリアフリー。

看板娘。

無茶しない。
無茶をしないで、開くまで待とう。
春の踏切事故防止キャンペーン
5.11
5.20

ジワジワ来る踏切事故防止。

絶対そう言ってるとしか思えない写真

「父ちゃん！ 大丈夫かい？」

両手に花。

イケメンかどうかは眉毛で決まる。

## 新宿 TSUTAYA レシート

夏休み篇。

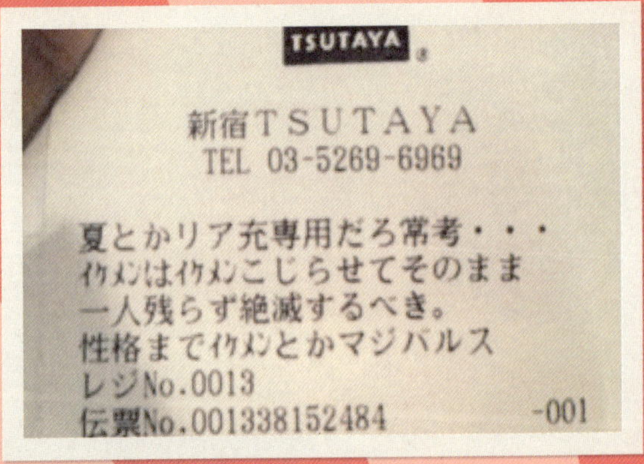

新宿ＴＳＵＴＡＹＡ
TEL 03-5269-6969

夏とかリア充専用だろ常考・・・
ｲｹﾒﾝはｲｹﾒﾝこじらせてそのまま
一人残らず絶滅するべき。
性格までｲｹﾒﾝとかマジバルス
レジNo.0013
伝票No.001338152484 -001

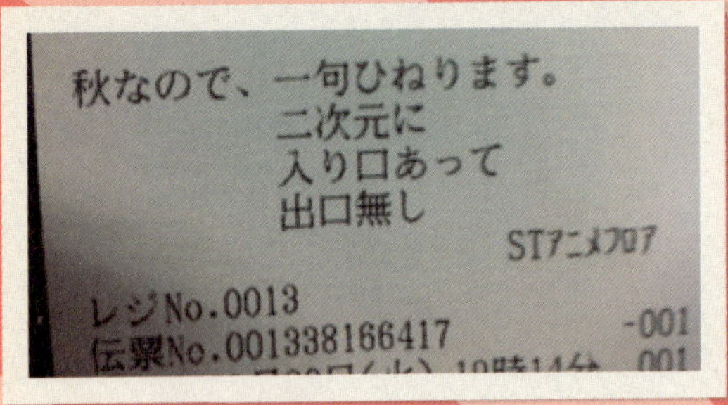

秋なので、一句ひねります。
二次元に
入り口あって
出口無し
STｱﾆﾒﾌﾛｱ

レジNo.0013
伝票No.001338166417 -001

秋篇。

クリスマス篇。

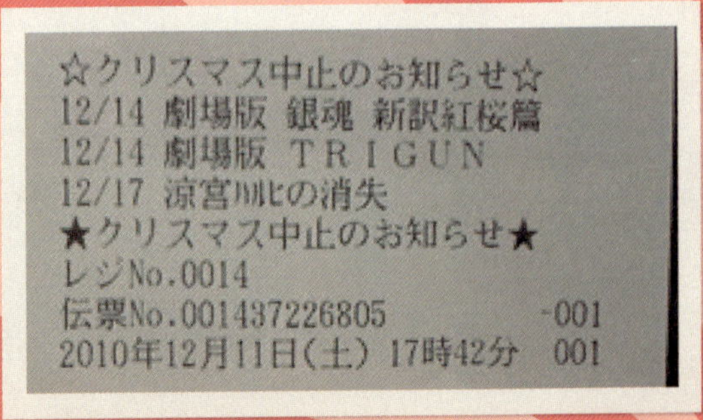

☆クリスマス中止のお知らせ☆
12/14 劇場版 銀魂 新訳紅桜篇
12/14 劇場版 ＴＲＩＧＵＮ
12/17 涼宮ﾊﾙﾋの消失
★クリスマス中止のお知らせ★
レジNo.0014
伝票No.001437226805 -001
2010年12月11日(土) 17時42分 001

思わず二度見しちゃう写真

謝恩品
CLOSED
香ばしく飲みやすい! 水1ℓに1〜2袋
お1人様2本まで
アース
アースジェット
450ml
248円

死人が出ないことを祈ります。

プチころされないように気をつけよう!

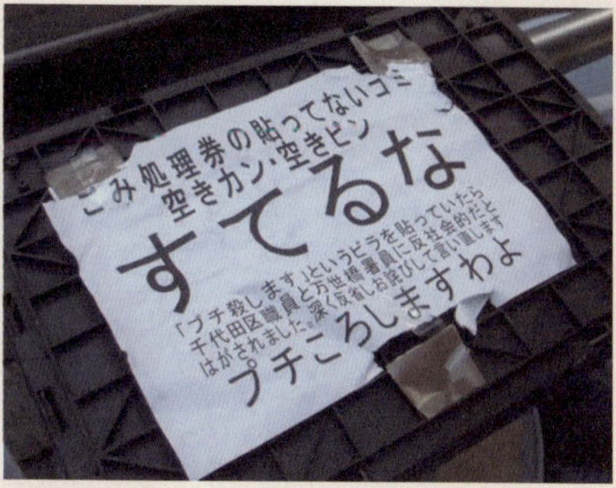
ごみ処理券の貼ってないゴミ
空きカン・空きビン
すてるな
「プチ殺します」というビラを貼っていたら
千代田区職員と万世橋署員に反社会的だと
はがされました。深く反省しお詫びして言い直します
プチころしますわよ

FAMILY KILLED
BY NINJAS. NEED
MONEY FOR
KARATE LESSONS

お前…それ絶対ウソだろ。

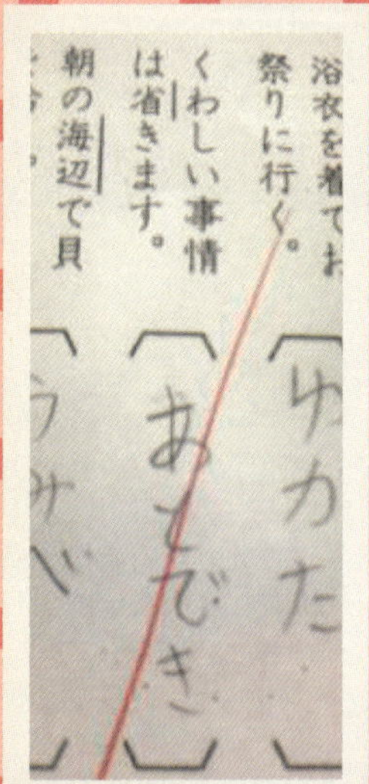
浴衣を着てお
祭りに行く。
ゆかた
くわしい事情
は省きます。
朝の海辺で貝
うみべ

意味はあってるような
気がします。

**絶対そう言ってるとしか思えない写真**

「頼むお願い。このとおり」

口に入れるのをちょっとためらう。

人物相関図を知りたい。

「ねえ、ウチで飼ってもいい?」

絶対そう言ってるとしか思えない写真

人材募集
急募
◎短気アルバイト（20～35歳まで）
▼委細面談・要歴（写真貼付）

気が短い人、募集！

スゴイものを見てしまった少年。

猫に餌を
やるなら
おいしいのをね

そりゃそうだ。

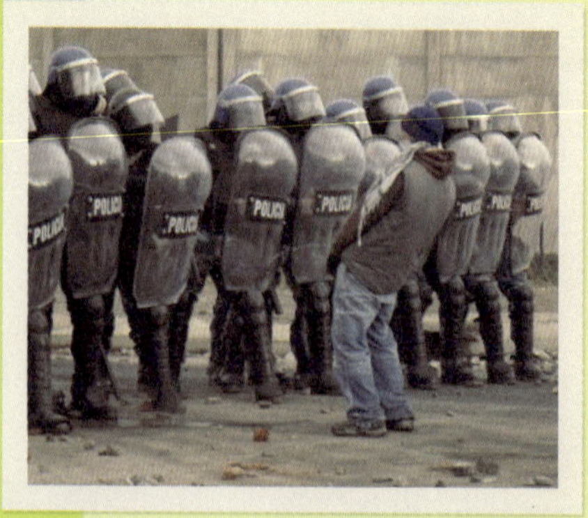
POLICE

虚しい攻撃。

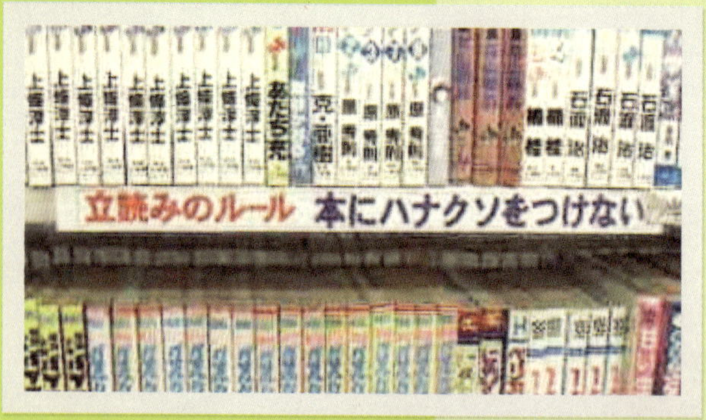
立読みのルール　本にハナクソをつけない

本屋さんのおきて。

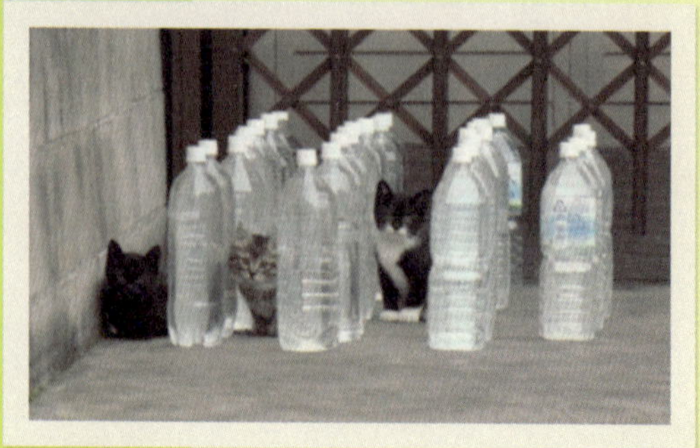

ジワジワ来る矛盾。

絶対そう言ってるとしか思えない写真

「気がついたらこんなところに。
ところで主人は？」

受験生の待受画面にいい写真。
「落ちない」「サクラサク！」

## 絶対そう言ってるとしか思えない写真

「違うだろ？ コレじゃねえだろ？」

緊急事態につき。

緊急事態につき 駅篇。

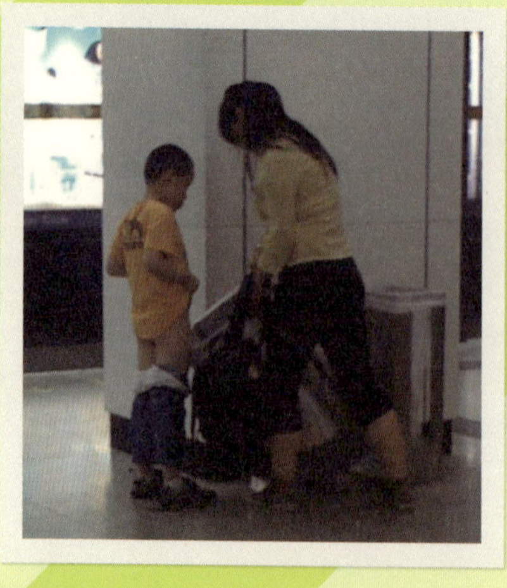

ジワジワ来る軍事訓練。

ジワジワ来るみのもんた。

ジワジワ来る壁紙。

ママとしては、何がなんでも今夜中に
売り上げを確保しなければ。

あなたにも撮れる、かめはめ波の写真。

絶対そう言ってるとしか思えない写真

「…なんだって。どー思う?」
「やだウケるー」

よくできてるね。ウン。

オラたちの村にガガがやって来た。

この現場で起こった事故がどうにもわからない。

お願い
7月3日 午後2時10分ころ
この場所で発生した自転車と棚(タナ)の
接触を見られた方は お知らせください。
大淀警察署
06-6376-1234

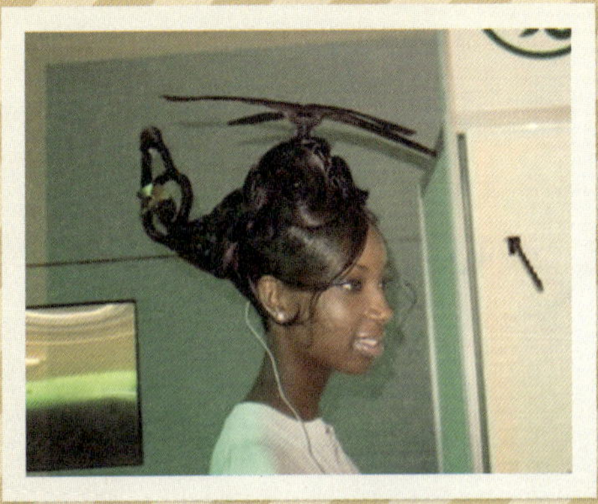

これが噂の「ヘリコプターカット」。

ラッシュ時にはかなり混雑します。

絶対そう言ってるとしか思えない写真

「あーちょっと待っててねボク、
おじちゃん喉渇いちゃってさ」

## このトイレ、どうなの？シリーズ

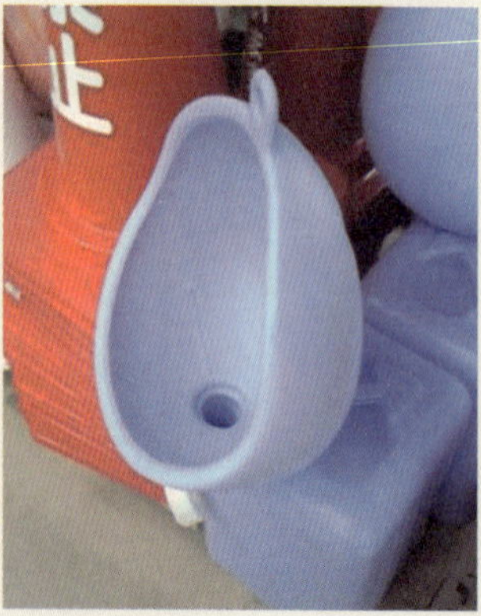

タンクに溜めれば溜めるほど、
安定感増します。

ジワジワ来るコスプレ上級者。

ほんの一瞬、帽子が動いた。
ような気がした。

絶対そう言ってるとしか思えない写真

「あのー。乗せてってもらえませんか?」

思わず二度見しちゃう写真

虹をぶおーっ。

いいんだ…どうせ旧モデルだし…
新しいの買うもんっ！

これはイリュージョンです。

絶対そう言ってるとしか思えない写真

「待て、か」「待て、なのか」

思わず二度見しちゃう写真

そこにそれがある。

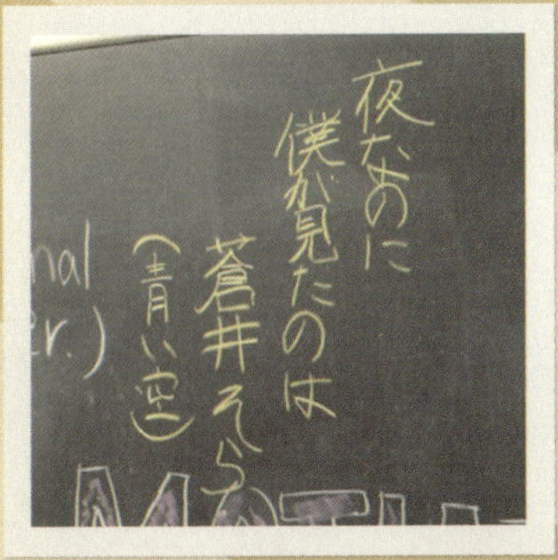


うまい…のか？

外国にはとんでもない
ガチャガチャがあります。

# 完璧なキャラクター表 その1。

金融顧問
（金融サギ担当）
組長
古株の直参1
（武闘派・組長の舅）
古株の直参2
（知恵者）
鉄砲玉
若衆頭
（次期跡目？だが頭に
うまく接する事ができない）
若衆1
（訪問販売サギ担当
・諜報も兼ねる）
若衆2
（①の元で働く）
新入り
（実は他の組のスパイ）
金融顧問
（金融サギ担当）
組長
古株の直参1
（武闘派・組長の舅）
古株の直参2
（知恵者）
鉄砲玉
若衆頭
（次期跡目？だが頭に
うまく接する事ができない）
若衆1
（訪問販売サギ担当
・諜報も兼ねる）
若衆2
（①の元で働く）
新入り
（実は他の組のスパイ）

完璧なキャラクター表 その2。

⑩
組長の一人娘
（死んだ母似の女子高生・
反発しながらも⑰に恋心）
⑪
組長行きつけの
バーのママ
⑫
ヒットマン
（他の組に雇われ
①の命を狙う）
⑬
組長のボディーガード
（バカ）
⑭
ヒットマン2
（①に雇われる
両親を⑫に殺された）
⑮
バーのママの息子
（非行少年・家出中）
⑯
刑事
（キャリアのエリート
⑥とはかつての親友）
⑰
若衆頭補佐
（服役中）
⑱
若衆頭の妹
（⑥と⑰の仲を応援）
⑩
組長の一人娘
（死んだ母似の女子高生・
反発しながらも⑰に恋心）
⑪
組長行きつけの
バーのママ
⑫
ヒットマン
（他の組に雇われ
①の命を狙う）
⑬
組長のボディーガード
（バカ）
⑭
ヒットマン2
（①に雇われる
両親を⑫に殺された）
⑮
バーのママの息子
（非行少年・家出中）
⑯
刑事
（キャリアのエリート
⑥とはかつての親友）
⑰
若衆頭補佐
（服役中）
⑱
若衆頭の妹
（⑥と⑰の仲を応援）

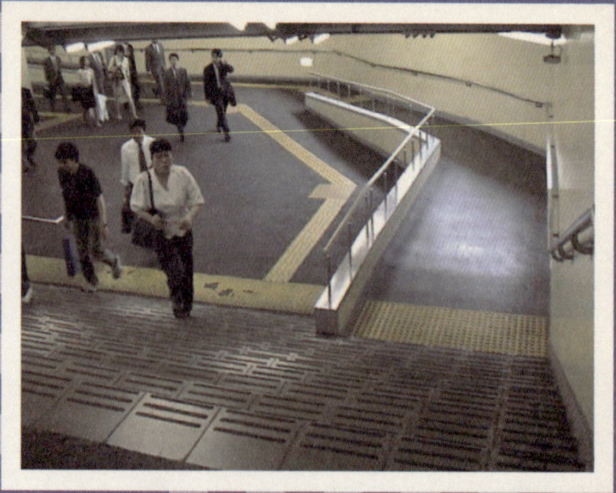

ジワジワ来るバリアフリー。

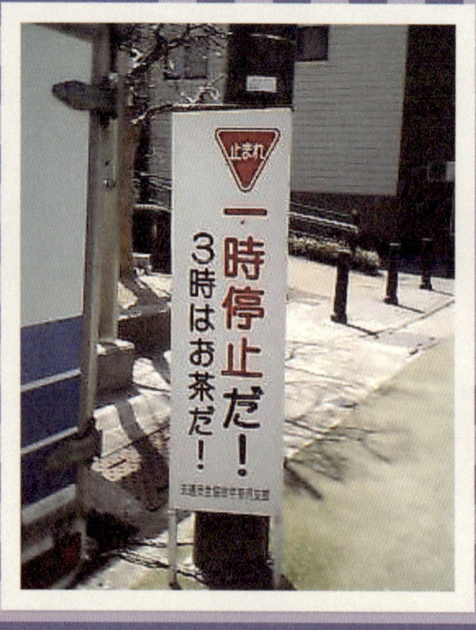
止まれ
一時停止だ！
3時はお茶だ！

そこは「お茶」ではなく「おやつ」ではないか。

パリコレにはついていけないやシリーズ

「カラスの兄貴、出所おめでとうございます」

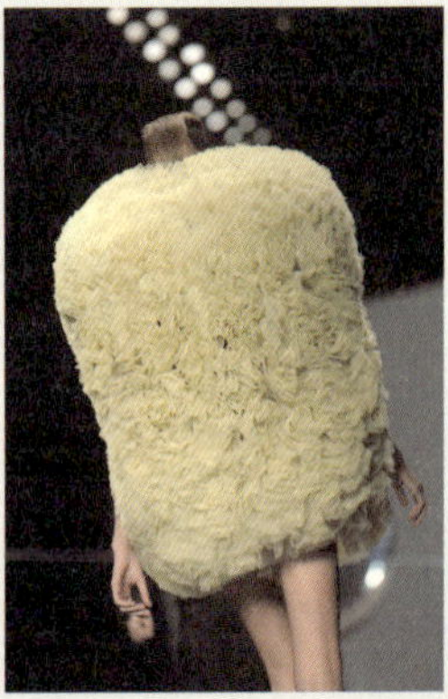

ひとつだけ確認。キミはヒトなんだよね？

ジワジワ来る踏切。

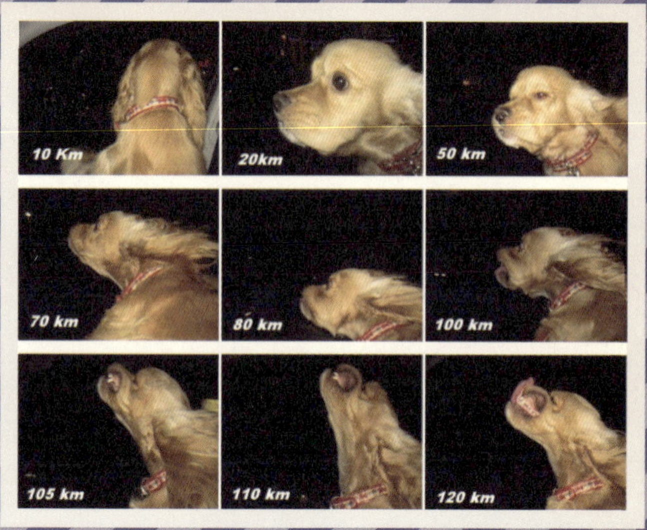
10 Km
20km
50 km
70 km
80 km
100 km
105 km
110 km
120 km

ジワジワ来る車のスピードと犬の関係。

国民の生活が第一。
あぶない
ちかよるな
PTA

PTAサンの言うとおりでした。

インドの学校では完璧なカンニング対策が行われている。

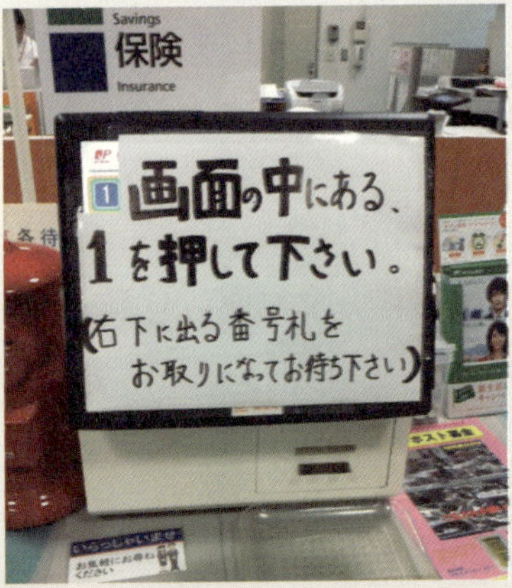


ジワジワ来るタッチパネル。

絶対そう言ってるとしか思えない写真

「行くぞ！ 出発だっ」

ジワジワ来る背景。

これが日本が誇るキャラクター「キティちゃん」です。

## 絶対そう言ってるとしか思えない写真

「そうね。困ったね」

人生で45回ぐらい犯した過ち。

可愛い顔してド変態なのです。

絶対そう言ってるとしか思えない写真

「人工呼吸だ。帰ってこい！
帰ってこい！帰ってこい！プーッ」

ムードたっぷりのバス停。

絶対そう言ってるとしか思えない写真

「俺のことは構うな。おまえは逃げろ！」
「できねえ！ 兄貴を置いて逃げる
なんて、俺にはできねえよ」
「あー、お取り込み中スマンが、
口閉じてもいいかな？」

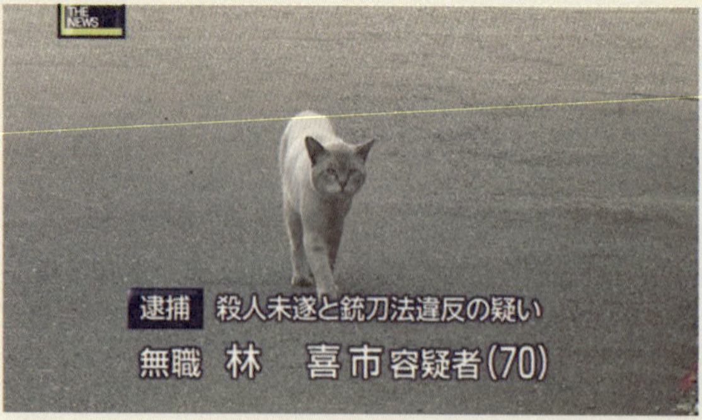
THE NEWS
逮捕　殺人未遂と銃刀法違反の疑い
無職　林　喜市容疑者（70）

ジワジワ来る容疑者。

④ つれていかれそうになったら、おおごえで、たすけをもとめる。
たすけて！

ピーポくんは、ブレてる。

私には何も見えません。
普通のテレビの観覧者たち
しか見えません。

4コマ。

ジワジワ来るエプロン。

折り目正しい彼女からのラブレターです。

「このあと絶対に修羅場だな」と思う衝撃写真。

ジワジワ来る水泳教室。

絶対そう言ってるとしか思えない写真

「うわ、何これメッチャうまそうじゃん、メッチャうまそうじゃん」

あっさり見逃せない看板です。

想像したら、お腹の奥のほうが
痛くなりました。

なんというイケメン。

このトイレ、どうなの?シリーズ

開放感を満喫できます。

絶対そう言ってるとしか思えない写真

「見て。私の息子」

宮崎駿は罪深い。

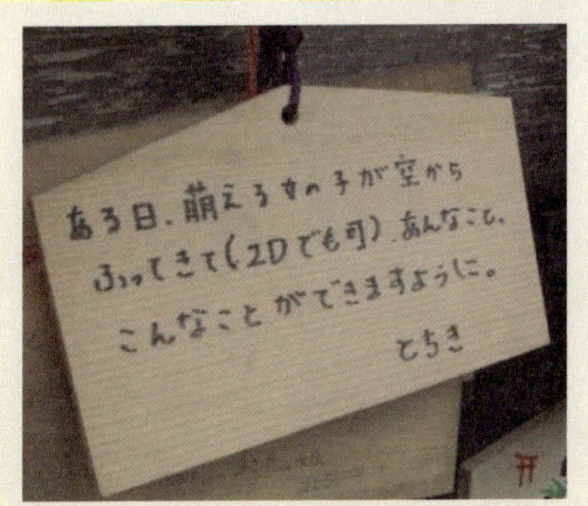
ある日.萌える女の子が空から
ふってきて(2Dでも可).あんなこと.
こんなことができますように。
とちき

ウナギイヌ。（本物）

ファーストレディは
手が3本ある。

ジワジワ来るイチゴのパンツ。

ぼくはぼうけんのたびにでた。

絶対そう言ってるとしか思えない写真

「（ヒソヒソ声で）誰にも言うなよ？
俺、猫じゃないんだ」

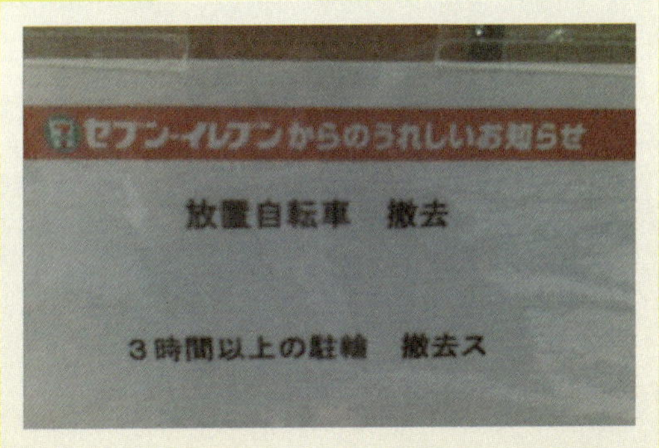
セブン-イレブンからのうれしいお知らせ
放置自転車　撤去
3時間以上の駐輪　撤去ス

ジワジワ来るうれしいお知らせ。

絶対そう言ってるとしか思えない写真

明らかにハンバーガーの夢を見ている人。

「枕は固めが好きなんだよね」

思わず二度見しちゃう写真

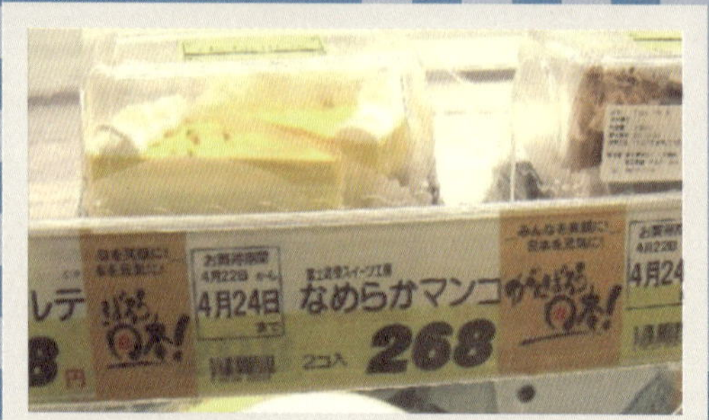


なめらかだけど、
とんでもない商品が！

売ってもいいのか、それ。

よし、勇気出して行こうぜ。

仮面ライダーの敗北。

ジワジワ来るカブリオレ。

剃ってみました。

ちょっと何言ってるかわかんない。

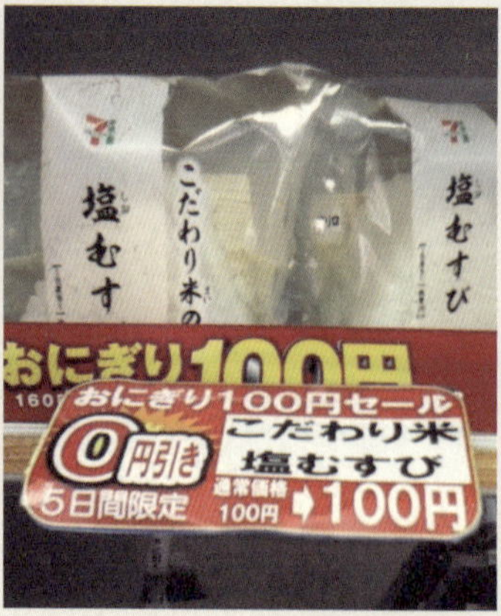

忍び足で見切れてる感じから察するに、
コレは「押すなよ、絶対押すなよ」系
のお約束の一種だと思われる。

演歌は八代亜紀だろ。

トラウマになります。

ひとりノリツッコミ。
「よかったよかった」
「ってよくねーよ！」

天才ピアニャスト。

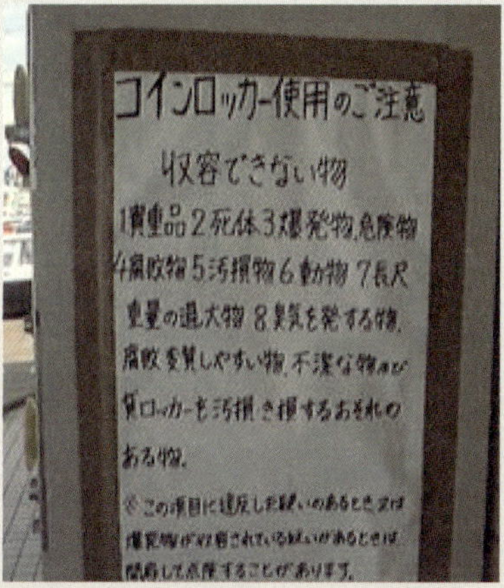
コインロッカー使用のご注意
収容できない物
1貴重品 2死体 3爆発物,危険物
4腐敗物 5汚損物 6動物 7長尺
重量の過大物 8臭気を発する物,
腐敗変質しやすい物,不潔な物など
貸ロッカーを汚損き損するおそれの
ある物.
※この項目に違反した疑いのあるとき又は
爆発物が収容されている疑いがあるときは
開扉して点検することがあります.

ジワジワ来る
コインロッカー使用のご注意。

絶対そう言ってるとしか思えない写真

「ケンちゃん大好きー」
「わーったよ。わーったから離れろよ」

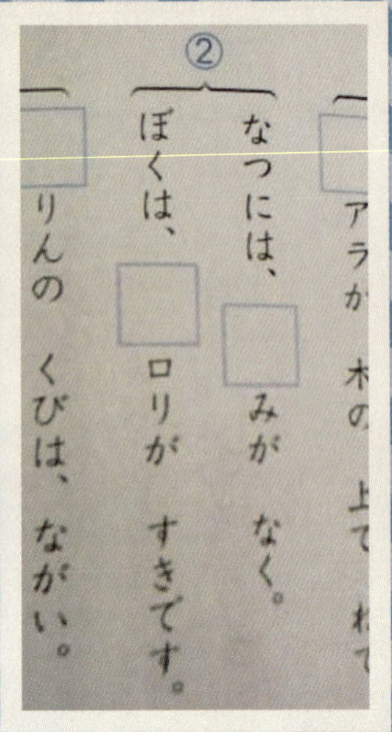
②
なつには、□みが なく。
ぼくは、□ロリが すきです。
□りんの くびは、ながい。

ロリコン注意。

STOP
WAR

ジワジワ来ない素敵な落書き。

思わず二度見しちゃう写真

矛盾だ。

そうだよね、立ちっぱなしは
疲れるよねーってコラ！

あくまでも偶然。ピュアな心で
デザインしたらたまたま
似てしまいました。

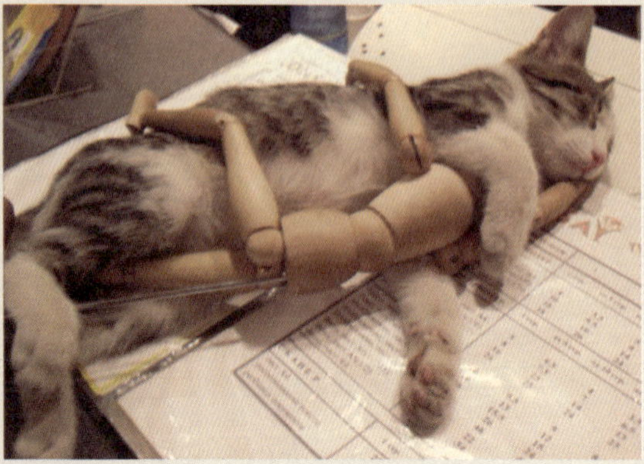

くんずほぐれつ。

ジワジワ来るバランス感覚。

そこは違う！

ジワジワ来るペアルック。

## 【重要】もし熊に遭遇したら。

1）熊が後ろ足で立ち上がって攻撃してくるのをまつ

2）熊の素人丸出しテレフォンパンチをダッキングでかわして前に出る

ジワジワ来る雪だるま。

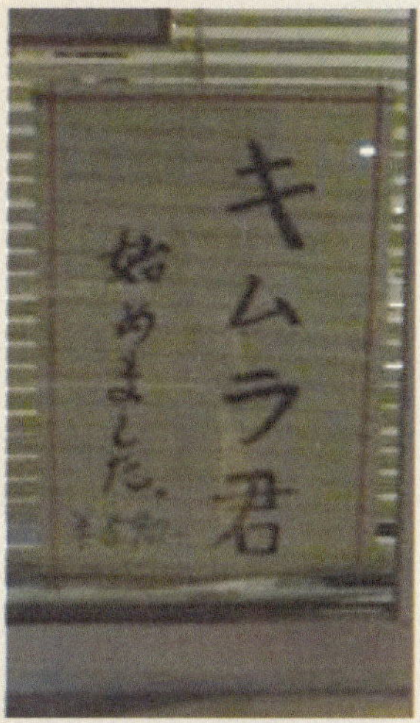


ジワジワ来るキムラ君。

絶対そう言ってるとしか思えない写真

「ヘイ彼女。乗ってかない？」

愛を感じる。

愛を隠さないで。

犬も愛。

ロボットの股間の部分をオブジェにしました。

クワックワッ「お、おいおまえらやめ…」クワーッ！

↑上り
階段は全部で32段あります
↑上り
↑上り
階段があって申訳ございません

丁寧すぎる階段。

全裸じゃないよ。 靴下履いてるよ。

泣いちゃうぐらい不条理。

「なんだてめーヤル気かあー？
おりゃおりゃー！」

絶対そう言ってるとしか思えない写真

「ウチは子どもが２人ですの」

絶対そう言ってるとしか思えない写真

「よく頑張ったな。さあ泣け。
俺の胸で泣け」

방낙지
아구찜
Crotch steamed dish
アソコウ煮

煮ちゃダメな場所を煮ちゃいました。

備付けの紙以外は、流さないでください。特に、カラスは流さないでください。
Please do not throw except equipped paper.
Especially, please do not throw crow.

すいません、ちょっと何言ってるかわからないです。

この車の最後の駐車になりました。

ゲートイン完了。

絶対そう言ってるとしか思えない写真

「じゃあタケシ君の家までお願い」

90度。

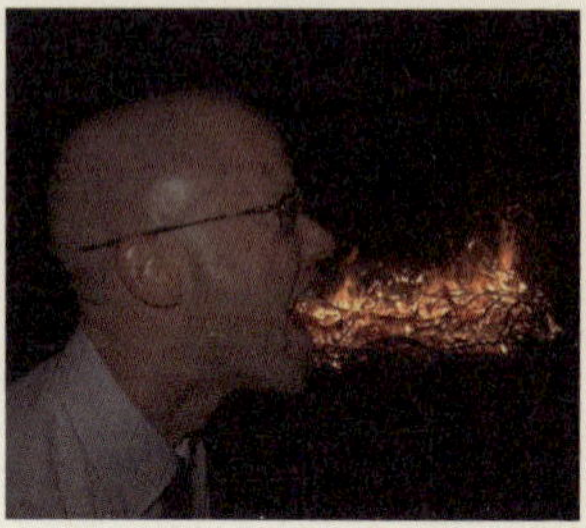

火を吹くのは簡単。

もうどっちがどっちなのかわかんねーよ！

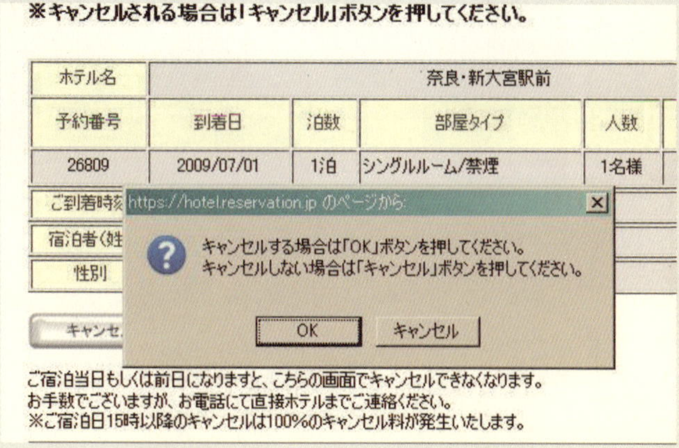

※キャンセルされる場合は「キャンセル」ボタンを押してください。

| ホテル名 | 奈良・新大宮駅前 | | | |
|---|---|---|---|---|
| 予約番号 | 到着日 | 泊数 | 部屋タイプ | 人数 |
| 26809 | 2009/07/01 | 1泊 | シングルルーム/禁煙 | 1名様 |

ご到着時刻

宿泊者(姓

性別

キャンセ

https://hotel.reservation.jp のページから:

キャンセルする場合は「OK」ボタンを押してください。
キャンセルしない場合は「キャンセル」ボタンを押してください。

OK　キャンセル

ご宿泊当日もしくは前日になりますと、こちらの画面でキャンセルできなくなります。
お手数でございますが、お電話にて直接ホテルまでご連絡ください。
※ご宿泊日15時以降のキャンセルは100%のキャンセル料が発生いたします。

作業員の方に申し上げたい。
本当にお疲れさまでした！

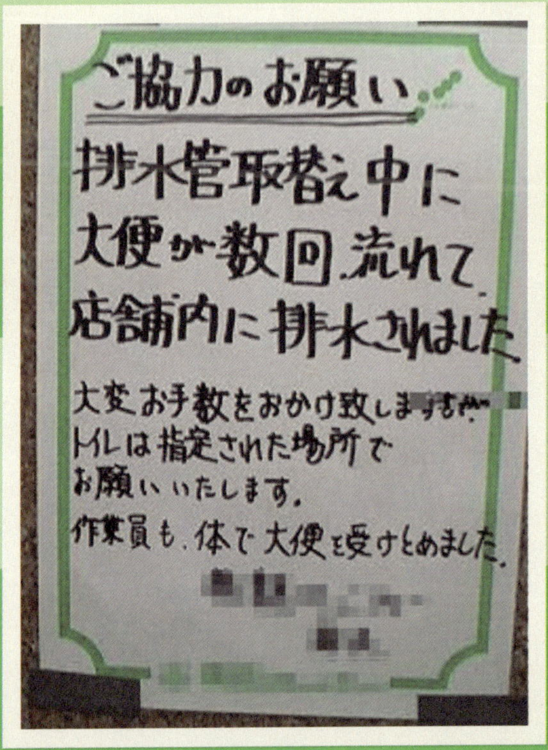
ご協力のお願い
排水管取替え中に
大便が数回流れて
店舗内に排水されました
大変お手数をおかけ致しますが。
トイレは指定された場所で
お願いいたします。
作業員も、体で大便を受けとめました。

ジワジワ来るヘア談義。

絶対そう言ってるとしか思えない写真

「見えねえ。もうちょい。
もうちょい上だ」

ジワジワ来るトラクター。

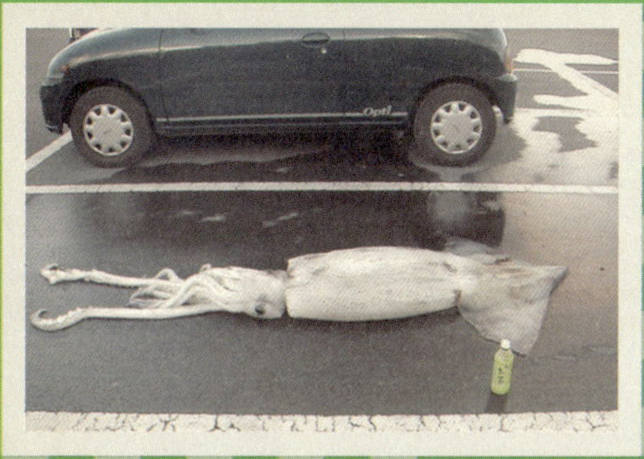


ジワジワ来る隣の車。

パリコレにはついていけないやシリーズ

殺されるっ。絶対殺されるう！

このトイレ、どうなの?シリーズ

武田真治仕様。

思わず二度見しちゃう写真

「ヒヒノフホイヘー（キミのすごいネー）」

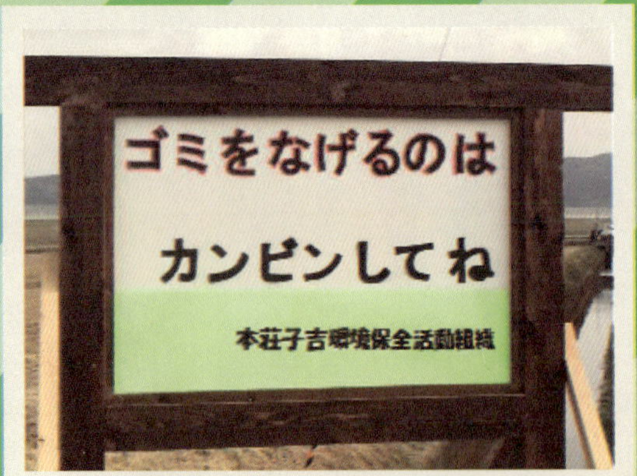
ゴミをなげるのは
カンピンしてね
本荘子吉環境保全活動組織

ペットボトルなら。

ん?

## ジワジワ来るカクカクシカジカ

石黒謙吾　　片岡K

**2011年7月に発売されるや、サクサク10万部超えのベストセラーになった『ジワジワ来る○○』とこの第2弾について、著者・片岡Kと、プロデュース・編集の石黒謙吾が、かくかくしかじかと語り合う。**

**石黒**　前作は、「はなまるマーケット」や「スッキリ!!」でも取り上げてもらって、あっという間に10万部!

**片岡**　いや～、まさかこんなにチョロいとは思いませんでしたよね（笑）。

**石黒**　僕はおそるおそるでしたけど……。

**片岡**　ツイッターとかソーシャルメディアって、よく即時性があるって言われますけど、実はジワジワ来るものなんだって実感しました。あんなバケツリレーみたいに渡していくメディアがスピーディーなはずがない。たくさんの人に一気に知らせるなら、ヤフーのトップに載せたほうがよっぽど早い。でもツイッターって地を這うように横にジワジワ広がっていくものだと思うんです。トップダウンじゃなくて。

**石黒**　たしかに、Kさんがツイートした画像を誰かがリツイートしたのが、何日かして回ってきたりしますね。

**片岡**　1週間くらいして自分のところにぐるっと回って帰ってきたり。これってまさにジワジワ来てるじゃん！　っていう。ミカンの皮をかぶった猫の画像で「山崎バニラだっけ。違う?」っていうネタがあるんですが（P122・下）、ジワジワジワジワ山崎さん本人までたどり着いて、「たしかに私です」ってリプライがきたり（笑）。

**石黒**　「遠回り」っていうのは、このジワジワ来るシリーズのキーワードですよね。コピーにしても、コーヒーにウインナーが入ってる画像（P046・中）なんて、3クッションくらいあってからやっと笑う脳に入ってくる感じ。

**片岡**　これは一番遠回りしている例でしょうね。ウインナーって単語もコーヒーって単語も入れない。「ウインナーコーヒー」って言っちゃったらそれまで。だからこのセンに行き着く。誰かが「ウインナーコーヒー」ってコピーをつけてまったく同じ写真をツイートしてたんですけど、全然反応がなかったですもん。

**石黒**　みんなのそのツボに届くんでしょうね。戦隊もののグリーンとピンクが寄り添ってる画像（P040・下）なんかもそう。

**片岡**　これを「グリーンとピンクの恋」とか書いちゃうとつまんない。

**石黒**　ですです。さて今回も、まずKさんからいただいた700枚の画像を僕が450枚に絞り込むことで、さらに濃く面白い1冊に仕上がったかなと。ちなみに画像を小さく切って1枚1枚床に並べて順番決めていくのが最高に楽しいんです。で、落としたジャンルがいくつか。まずはキャラものはやはりね。丸いモノが3枚並んだ……。

**片岡**　ああ、あの世界的に有名なネズミとかですね。

**石黒**　あと有名人や企業もの。世界的に活躍する超有名若手ゴルファーとか、そうそう、お台場にある巨大メディアのマークとか。

**片岡**　自分で選んでおいてなんですが、あれはさすがにダメでしょうね〜。目玉が股間にありますから。下ネタについては僕の中でもぼんやりとコードがあって、これはアウトってのは外してるつもりなんです。

**石黒**　R指定ならぬK指定。でもわりと攻め攻めですよね。僕のほうでは、細長くて先っちょが丸くなった茶色の飴の画像は落としました。逆に、マネキン（P009・下）とか、可憐な少女（P026・下）は、石黒基準＝I指定的にセ〜フ！

**片岡**　あれは大人じゃなくて少女だからOK。しかも「チ◯コに……」とか書いたら完全にアウトですから、「事の重大さ」くらいがちょうどいい。

**石黒**　これも2クッションくらい入ってる。ヘタに書くと下品になっちゃうけど許されるってのも、やっぱりコピーのつけ方なんですよね。ちなみに、読者に向けてなんですが、書くうえでのコツとかありますか?

**片岡**　まずストレートじゃない言い方ってどんな方向があるか考えるんです。たとえばセリフを言わせてみるとかいうのもひとつ。

**石黒**　落とした中の、世界的に有名なネズミの形をした骨の画像ですが、普通ならその名前を書きたくなるところを、Kさんは一言キャプで「彼の骨」ときた。

**片岡**　見ただけでわかりますからね。「あ

いつの骨だ！」って。ようするに、見てわかることは書いてはいけない。「ミッ……」とか「ディ……」とか最初に思いついた言葉は絶対に書かない。トゥーマッチになっちゃうから。

**石黒**　にしても「彼」は出そうで出ない。言いすぎない美学の質が高いな、と。

**片岡**　ちょっとヒネったほうが、受け取る側の「オレにはわかる」という優越感をくすぐるんです。面白さを共有できてるという幸せを感じられるから、説明過多にならないほうがウケがいい。微妙なラインなんですけど。

**石黒**　その絞り込み範囲が狭すぎないのがいいんですよね。その一方で、「ペヤングあるある。」（P049・中）みたいに堂々としたコピーもある。これはただ「あるある」ってつけただけという潔さが僕のツボにすーっと入り込みます。

**片岡**　普通に考えると「わ〜こぼれちゃった！」とか「やっちゃった！」とかね。でもそれだと面白くない。理論とか公式とか法則があるわけでもないんです。自分で言うのもなんですけど、これはもうセンス？　ですよね〜。がははは。

**石黒**　今みんな、正解依存症というか、すぐに答えを欲しがる。そのアンチテーゼという意味でも、すぐ言わないジラシコピーはいいなと思う。せっかちは、何かと、相手を十分に満足させるに至らない。何かと。

**片岡**　たしかに、ジラシはやってるかな。何かとね。でも、いいコピーが出るときはもう秒単位ですね。時間かかるときは諦めます。画像が溜めてあるフォルダから1枚ずつ開いて、思いついたら瞬間ツイート。

**石黒**　やっぱり！　僕がダジャレを作るときも同じ。5秒で出なければ「はい次〜」。出ないなら考えたところで出ない。こちらはノージラシでせっかちに。で、そうして生まれたコピーによって本が売れた。面白画像集なんて今までにもたくさんあったわけで、キモはあくまでコピー。結果が出たから強気に言いますけど（笑）。

**片岡**　アマゾンのレビューとかで、画像だけが面白いとか言ってる人はセンスがない。まったく見えてませんね〜。そんな本が10万部も売れるかバカ者！　って感じですよね、ええ。その差なんですよ。もちろん写真だけで面白いものもありますけど。

**石黒**　ところで、子どもの頃って、お笑いとかどんな番組見てました？

片岡　年の離れた兄弟がいたんで「シャボン玉ホリデー」なんか覚えてますよ。同級生はドリフを面白がってましたけど、僕の原点はクレージーキャッツ。ずっと経ってからスネークマンショーに行き着くわけでこれは大きかったのですが。

石黒　Ｋさんのニッチな芸風（?）には、そういう大衆的王道の空気感が盛り込まれてますよね。根っこに正統派の笑いがないとヒネリはヒネリとして成立しないから。

片岡　前回の本でうれしかったのは、女性からの反応がとくによかったこと。こういう本って、今まであまり女性は買わなかったと思うんです。

石黒　それはやっぱり言葉の力。呼びかけられているようなコピーが、大勢じゃなくて「個」に向かっている感じがするからじゃないですかね。

片岡　まあ今回で言えば、ネコヤナギ（Ｐ００４・下）とかクロネコヤマト（Ｐ１０３・上）みたいな、カワイイ動物ものが響いただけかもしれないですけど。

絶対そう言ってるとしか思えない写真

石黒　僕、ネコヤナギが一番好きかも。そうそう、今回は「ジワジワ来る」とズバリコピーにしたネタはかなり減りましたよね。

片岡　だいぶ「ジワジワ来る」が定着してきたので、「トイレ」（Ｐ０１８・右上ほか）とか「パリコレ」（Ｐ００６・左上ほか）とか、違ったシリーズでも攻めて。

石黒　ついに市民権を得ましたね！

## 「チョロいチョロい10万部なんて」

片岡　今はツイッターでも、みんなこのフレーズ使ってますよね。２０１１年は流行語大賞狙いましょう！　ぶっちゃけ、12年は流行語大賞……

石黒　僕も編集者として2%で（笑）。こんなの遊びですから。一生懸命やったら面白くならないと思うんです。売れた後ろ盾でさらに強気の発言でいってますよお。

片岡　チョロいです。こんなにチョロいとは思いませんでした（二度目）。

石黒　しかも、たった2%しか使ってない。ほんの片手間（二度目）。

片岡　もう左手だけでね、さら～なんて力抜いて10万部。

石黒　2%で10万部なら、１００％だったら５００万部。

片岡　そういう計算になっちゃいますよね～どうしたって。うはは。

石黒　力入れた瞬間、３０００部くらいに減るような逆手応えも十分あります。

## Profile

片岡K（かたおか・けい）
映画監督・演出家・脚本家。
「世界の車窓から」をはじめ、「音効さん」「文學ト云フ事」など
カルチャー系深夜番組、「いとしの未来ちゃん」などドラマで演出を手がけたあと、
綿矢りさ原作の「インストール」で映画監督デビュー。
2010年ツイッターで結成を呼びかけた劇団「ツイゲキ」を旗揚げし、
ツイッター発の自主映画プロジェクト「ツイルム」を始動した。
著書は、前作『ジワジワ来る○○《マルマル》』（アスペクト）以外に、「世界単位認定協会」という
著者名で出した17万部のベストセラー『新しい単位』（扶桑社）がある。

## Staff

画像セレクト・コピー：片岡K
プロデュース・構成・編集：石黒謙吾
デザイン：寄藤文平＋北谷彩夏（文平銀座）
編集：井上健太郎
制作：ブルー・オレンジ・スタジアム
本書において、該当する著作権者の方がいらっしゃいましたら、
comment@gentosha.co.jp「ジワジワ来る□□」係までご一報ください。

＊

ジワジワ来る□□《カクカク》
2012年1月25日第1刷発行
2012年4月 5 日第2刷発行

著者　片岡K
発行人　見城 徹

発行所　株式会社 幻冬舎
〒151-0051 東京都渋谷区千駄ヶ谷4-9-7
電話　03(5411)6211（編集）　03(5411)6222（営業）
振替 00120-8-767643
印刷・製本所：中央精版印刷株式会社
検印廃止


ISBN978-4-344-02121-1　C0095
幻冬舎ホームページアドレス　http://www.gentosha.co.jp/